简单，

应对复杂世界的利器

姬晓安 ◎ 著

北方文艺出版社

图书在版编目（CIP）数据

简单，应对复杂世界的利器 / 姬晓安著 . -- 哈尔滨：
北方文艺出版社，2019.4
ISBN 978-7-5317-4048-3

Ⅰ.①简… Ⅱ.①姬… Ⅲ.①人生哲学－通俗读物
Ⅳ.① B821-49

中国版本图书馆 CIP 数据核字（2019）第 034069 号

简单，应对复杂世界的利器
Jiandan Yingdui Fuza Shijie de Liqi

作　者 / 姬晓安

责任编辑 / 富翔强　　　　　　　　装帧设计 / 平平

出版发行 / 北方文艺出版社　　　　邮　编 /150080
发行电话 /（0451）85951921　85951915　　　　经　销 / 新华书店
地　址 / 哈尔滨市南岗林兴街 3 号　　网　址 /www.bfwy.com

印　刷 / 天津旭非印刷有限公司　　开　本 /880×1230　1/32
字　数 /155 千　　　　　　　　　　印　张 /8
版　次 /2019 年 4 月第 1 版　　　　印　次 /2019 年 4 月第 1 次印刷

书　号 /ISBN 978-7-5317-4048-3　　定价 /46.80 元

序言

简单生活，是最有效的人生管理术

整天忙着立标签、打卡，却坚持不了三天，总是啪啪打脸？

感觉自己在没时间、没钱、没前途的恶性循环中，越过越"丧"？

患有严重拖延症，总被任务的鞭子赶着走？

忙得脚打后脑勺，钱包却并没有鼓起来？

东西多，房间乱，大扫除不久，杂乱的生活又去而复返？

想法多，行动少，很多事情半途而废，做了太多无用功？

为各种各样的事情纠结，太多的事情难以取舍？

在人际交往中肯低头、肯让步，仍然被世事刁难？

舍不掉的欲望越来越多，失望和迷茫也越来越多？

足够努力，足够拼，生活依然举步维艰？

以上十条，你中了几招？

活在凡尘俗世中，生活的压力，激烈的竞争，错综的人际关系⋯⋯是每个人都不得不面对的问题，复杂、混乱是严峻的客观事实。

所以，很多人早已习惯了用复杂的心态去面对生活，用复杂的眼光去打量这个世界。

我们活得累，活得挫败感满满，归根结底，就是因为被各种各样的欲望所累，被各种各样的选择所困扰，被各种各样的琐事蚕食着时间和精力，消耗着生命的活力。

人生的苦恼，多来自复杂。

人生最可怕的事情不是不够努力，而是总在方法不对的道路上低效努力着。

人生最大的悲哀不是变成了自己讨厌的样子，而是变成了自己讨厌的样子，却依然没有过上想要的生活。

生活是条单行线，日子过去就过去了，世上没有后悔药，但是却有让自己活得更好的药方。

世界纷纷扰扰，那些活得从容笃定、活出精彩人生的人，必然都有一种化繁为简的能力。

当你以复杂应对复杂时，生活中处处是坑，步步扎心。

当你以简单应对复杂时，反而能利落高效，一通百通。

简单，就是应对复杂世界的利器！

简单生活，就是最有效的人生管理术。

然而，简单生活，并不是一件容易的事，不是喝几碗鸡汤，喊几句口号就能做到的。

复杂的世界里，其实充满简单的逻辑。能否找到这个逻辑，认清这个逻辑，就是人与人之间拉开差距的重要原因之一。

那些高手，之所以成功，是因为他们对这种逻辑领悟得更早，应用得更好。

简单生活，并不意味着简陋的生活，它是经过思维跃迁之后，找到真正适合自己的成功路径和生活方式，过上目标明确、真实自由的生活，也是从繁杂状态中抽身而出的最有效的方法。

想要过简单生活，需要摒弃那些旧有观念的束缚，提高认知水平，调整心态，给自己的头脑、心智来一次脱胎换骨般的升级迭代。

当亲爱的你翻开这本书时，会发现里面不讲废话，只说方法，用近百个源自生活场景的生动故事，引出简单生活的"心法"，让我们从认知、心智、时间、关系、心态、生活六大角度，得到真正的提升。

当你学会了最简单的方法管理时间，知道了最应该在什么事情上用力，就能彻底摆脱忙乱疲惫的状态；

当你做到了物品和关系的双重断舍离，把没用的物品和不好的人都请出你的生命，就会过上神清气爽的生活；

当你做到了以真性情待人，以硬实力护身，那么无论生活的套路多么深，你都会拥有自己的打法而显得游刃有余；

当你做到了删繁就简，摄心一处，专注于最重要的目标，就走上了距离成功最近的道路；

当你做到了减少纠结，顺势而为，就会蓦然发现，人生的快乐多源于简单……

当你简单，世界也就变得简单。

做到了这一切，你的人生，自然就进阶到了更好的版本。

简单生活，说到底，是思想上的极简，精神上的极简，人际关系的极简，生活方式的极简，是一种最舒展、最自由的生命状态。

在简单的生活里，抛掉那些繁文缛节，唯有自己才是主角。你善待自己，珍视自己，把时间和资源都用在自己想做的事情上，不委屈自己，不浪费生命，自始至终跟自己喜欢的一切在一起。你用自己最珍贵的生命，编写着属于自己的最精彩的人生剧本。

好的故事没有槽点，好的人生必定简洁。

愿我们都能简简单单地做自己，拥有一个为自己定制的人生，过上理想的生活。

$\mathbf{C}$目 录
ontents

第一章

认知：复杂世界其实充满简单的逻辑

简单生活，就是思维方式的升级 / 002

我们都有一颗渴望简单的心 / 009

目的越简洁，成功越容易 / 015

做你自己，因为你再怎么努力也做不好别人 / 020

扔几件东西就是断舍离，想得太简单了 / 025

放下纠结，生活有时就需要简单粗暴 / 031

在复杂的世界里野蛮成长 / 037

第二章

心智：生活有生活的套路，你有你的打法

任他几路来，我只一路去 / 044

别在该动脑子的时候动感情 / 049

从经典人设到超级IP / 056

对自己外表的态度，就是对生活的态度 / 061

别加戏，简简单单地做自己就好 / 067

如果上天没有给你九条命，那就自己给 / 072

过低内耗的生活 / 077

不会拒绝，就是麻烦的开端 / 081

第三章

时间：学会选择性放弃，不在无谓的事情上用力

你的未来需要一个GPS / 088

自由来自自律 / 094

延迟满足让你获得真正想要的生活 / 098

拖延和高效之间，只差一个"余额不足" / 103

再怎么拼命砸门，它也变不成窗 / 109

只做那些对自己重要的事情 / 114

第四章

关系：学会对关系断舍离，把一些人请出生命里

我太孤独了，因为朋友太多 / 122

认识多少人没有意义，能号召多少人才有意义 / 127

线下1个好友，胜过100个"点赞之交" / 132

碎了一地的玻璃心，扎伤的却是自己的脚心 / 137

共同成长的朋友，才能天长地久 / 143

击中你的流言，正好可以修你的缺陷 / 149

高情商，不过是将心比心 / 154

情感留白，切忌交浅而言深 / 159

"亲密有间"的朋友才更长久 / 165

永远不和烂人烂事纠缠 / 171

第五章

心态：生活给了你一地鸡毛，就把它扎成鸡毛掸子

有什么样的眼界，就有什么样的境界 / 176

工作都做不好，还谈什么美好人生 / 181

脚下的坚冰，终究要自己破 / 186

找出内心真正的所需所愿 / 190

做人，不能总在同一个地方跌倒 / 194

就喜欢你看不惯我又干不掉我的样子 / 198

你努力的样子，看起来好美 / 204

人在江湖，最高的城府是返璞归真 / 210

第六章

生活：人生的苦恼多来自复杂，人生的快乐多源于简单

品位这东西，合适就好 / 216

过分的执念是对自己的伤害 / 221

往事如烟好过往事如刀 / 225

你只是看上去很努力 / 230

简单生活，才是真正的优雅 / 235

好的故事没有槽点，好的人生必定简洁 / 240

第一章

认知：复杂世界其实充满简单的逻辑

〰

简单生活，就是思维方式的升级

去年暮春，闺密虎儿给我发了一条微信：亲爱的，你又错过了那些花儿！

看到这句话，我喟叹了一会儿，又陷入脚打后脑勺的忙乱中去了。

每年，虎儿都会邀请我看花，我却一而再，再而三地错过花期。

一年前的我，似乎要比身边的人忙得多，也累得多，每天按下葫芦浮起瓢，像消防队员一样到处扑火，动不动就通宵加班，整日手忙脚乱。拉开梳妆台的抽屉，基本都是"熬夜面膜""救急面膜""约会面膜"之类紧急修复肌肤的护肤品。大多时候，早上一洗完脸我就急匆匆地涂点防晒霜出门，即使真有"男神"被我在街边转角碰到，顶着一张素颜的憔悴脸，也只能自认倒霉了。

上网看看，拖延症、完美主义强迫症、压力上瘾症……各种专业的、不专业的心理学家总结出来的各种"症"，似乎都能跟我对上症。

每天晚上带着一身疲惫回家，看着城市的浮光掠影映在车窗上，心头莫名地感到黯然。

有时候也自省，怎么就把日子过成这样？房间经常乱七八糟，屡屡放朋友鸽子；没有时间好好陪伴家人，健身卡默默地躺在抽屉里直到过期，为期一个月的游泳课上了两次就再无下文；窗台上的花儿早就干枯了；搬家已经半年，书柜还没整理，很多书横七竖八地堆在地板上……这种忙乱到没有时间看花的生活，一点儿都不美。

人际关系似乎也不尽如人意，感觉生活中的各种关系，并不是在滋养我，而是在消耗我。午夜梦醒，竟委屈满腹，觉得付出得不到回报，善意不被珍惜，努力打了水漂……思来想去，潸然泪下，十足的怨妇心态。

一个周末的早上，我哭了整整两个小时，为了一根电线。

难得想吃顿悠闲的早餐，却找不到豆浆机的电源线，恨不得把厨房掘地三尺——就这么大房间，一根电线还能藏到哪儿去？

一个小时过去了，我什么都没干，掘地三尺就为了找一根电线。经过了找东西的烦躁、找不到的郁闷以及彻底找不到的绝望之后，我彻底陷入了迷失混乱的情绪，趴在餐桌上疯狂泪奔。

这一生，真不知道要浪费多少时间在"找找找"上面。

电源线这种小东西找不到也就罢了，发生在我家最"灵异"的事情是，挂烫机神秘失踪了，要知道，算上支架，挂烫机足足有一米多高啊！追根溯源地回忆一下，这个挂烫机自快递小哥手里签收之后，一次都没有用过，当时也是急着出门，随手就把它靠墙放在门口，那应该是我第一次也是最后一次见到它。

难道是家里人当成废品箱子扔了出去？追问，每个人都钦嘴钢牙地赌咒发誓，从来都没见过叫作挂烫机的劳什子。最后，"母上大人"悠悠地说了一句话，为这事结了案："谁的东西谁管，你不及时收好，怪不着人家！"

我不知道自己哭什么，是为了电源线、挂烫机，还是千头万绪总也理不清楚的生活。总之，就在一个没喝上豆浆的周末，我的情绪突然就到了崩溃的临界点。

与朋友聊天，很多人都有同感，在生活和工作中无法平衡，在面临选择的时候纠结不已，在复杂的人际关系中焦头烂额，每天都以自己厌恶的状态活着。总是盼望着忙完这一段时间就可以好好调整调整了，可是"细思极恐"——自己处于这种状态竟然已经好几年了！

痛定思痛，发誓要给自己一个解脱，有时会像突然打了鸡血一样，处理杂物，简化日常，规划工作，好好经营人际关系……可清晰不了几天，繁忙杂乱的生活又去而复返，心又在琐事的消磨下一日日倦怠下来，周而复始。

最近两年，因为工作的关系，我有机会采访一些非常优秀的人，有些是行业大咖，有些是卓越的企业家，通过这些访谈，得以在他们的人生过往中穿行一遍。突然有一天，我惊讶地发现，这些世人眼中的成功人士，竟然有一个惊人的共同点，那就是——他们都活得非常简单！

按我之前的想法，成功之人必有过人之处，纵然没有三头六臂，也是超人附身，常人无法企及。接触多了之后，我承认他们的确有过人之处，但这个过人之处并不一定是超高的智商、天才的头脑或者是上天赋予的好运气。在他们耀眼的成就之下，隐藏着一个非常简单的逻辑：做更少但更好的事。

这是一种化繁为简并敢于舍弃的能力，以这种思维方式为出发点，就能够做到把复杂的事情简单化，以简驭繁，抛掉一切不必要的干扰项，将精力聚焦于自己的目标，以最快的速度抵达他们要去的地方。

他们愿景清晰，信念坚定，或许有大开大阖、大起大落，却少了许多俗世烦忧。

莎士比亚说，简洁是智慧的灵魂。

说起来很简单，其实对人来说，这往往是反本能的。

多少鸡汤文都在铿锵有力地告诉大家，什么都搞得定的人，才是人生赢家！优秀的人大都是左手抱娃、右手签单，一边是柴米油盐，一边是烈焰红唇，你必须灵魂有趣，还得貌美如花。潜意识里，我们也觉得自己应该更有力、更全能，才能拥有更多，阅尽繁华，方能不负此生。

能够获得巨大成功的人少，因为不是每个人都能克服这种心理上的本能。

所以，简单生活，是一条少有人走的路。

高手之所以比普通人做得更好，就是因为他们领悟得更早。

所谓的简单生活，无非就是做自己想做的事，过自己想过的生活。

刚来北京的时候，我最大的心愿就是希望能拥有一间自己的书房，有大大的落地窗，有一面墙的书柜，有被朋友批评为"酱豆腐汁儿"颜色的红地板，能靠写文章赚钱养活自己，顺便再"养养"梦想。

所以，对于我来说，最想做的事就是写作，最想过的生活，就是每天都能拿出几个小时的时间，读喜欢的书，写想写的字，余生都能真诚地、安安静静地写下去。

回头一看，早已实现了。所谓初心，不过如此。

如今，欲望芜杂了，事务也就变多了，人的思想、精神、认知却没有随之更新迭代，落差导致了痛苦。

如果我不能改变那些导致生活杂乱不堪的思维习惯，乱糟糟的生活状态始终都会如影随形。

醍醐灌顶地明白了这个道理之后，突然就通透澄明了。原来，在繁乱的生活中揭竿而起，竟是件极容易的事。

不会再为一些琐事费心乏力，没有技术含量的事尽量外包，省下时间做更重要的事。

不会再为了获得某种认可而苦苦忍耐，认可就认可，不认可就算了，我还照常过我的日子。有些苦，不必吃，有些期待，不必背负。不会再为了拒绝一些人的要求而心生愧疚，如果总在时间表里排上"人情"两个字，我早晚会在岁月流逝中变成一个一事无成的"热心老阿姨"。

不会再为一些眼前回报高的诱惑而动心，对于长远目标毫无裨益甚至有所损害的事情，必须大刀阔斧地砍去。

践行简单生活的这一年多时间里，我觉得自己获得的成长，超过了之前很多年的总和。

摄心一处，真的是日久功深，提高了效率，工作也不再是苦役了；精简了无效社交，给自己的朋友圈瘦身，反而遇到了志同道合的人，同时也开启了创业之旅；做更有价值的事，收入比以前高了，也不再熬夜了，颜值似乎也变高了。

甚至，在很短的时间内，我从一个健身小白变成了瑜伽达人！总之，生活比以前有序，状态比以前放松，心态比以前平和，还多了更多的时间照顾自己和家人。

按下了delete（删除）键之后，觉得自己的生活反而愈加饱满。

简单生活，说到底，人事上的极简、思想上的极简、精神上的极简，是最舒服、最舒展的一种生命状态。回来好好地做自己——这才是真正的简单生活。

我们都有一颗渴望简单的心

讲一个比较极端的故事，是一段民国逸事。

1925年的一个夏日，民国四大公子中的两位——张学良和卢筱嘉，正在与奉系军阀头目张宗昌喝茶闲聊，侍卫敲门进来，递上一张名片，说是某报记者求见。张宗昌看了名片一眼说："切了吧！"

"切了"的意思就是枪毙，张学良和卢筱嘉大惊："为什么杀他？"

张宗昌皱着眉头说："那记者的名片上，光头衔就列了十几条，绝不是个好人，所以还是切了的好。"

以名片上的头衔多少来决定一个人的生死，确实是草菅人命，但也足以说明，给自己罗列一堆头衔，效果并不一定很好，反而可能会适得其反。

有时候去参加活动，大家互换名片，有些人的名片拿到手会吓一跳，正面反面都印着密密麻麻的头衔，加起来有十几个之多。有些头衔之间甚至没有任何联系，上一个是某文学协会会员，下一个是营销专家，看得人一头雾水，不知道对方到底是做什么的，或者最擅长做什么。

这年头，似乎头衔少了，或者没有几个高大上的头衔加身，你都不好意思出来见人。

很多人以为，名片上写满头衔就会显得很有实力，恨不得将自己所有的辉煌过往都体现在一张小小的纸片上。

很明显，为自己罗列一大串头衔的人，无非是想贴一堆标签来彰显自己的个人价值，但个人价值这个东西，往往像商业价值一样，并非是由自己定义的，而是由他人的体验来给出最终结果的。

在这个开放的时代，每个人都可以是自己的产品经理，要运营好个人品牌，就要抓住一个关键指标，这个指标，肯定是能让我们价值最大化的东西，最能代表你能力和成绩的东西。这样的"硬通货"，往往一个足矣，多了，反而给人一种模糊的感觉。

每年年底，文化行业都会举行一些论坛、年会等活动，常常会邀请一些大咖进行演讲，业内人趋之若鹜。这些活动对参会资格审查得很严，要求参会人员提前提交个人资料以便筛选。

有一年，参加某自媒体平台举行的活动，跟一个朋友约好一起去。活动前一天，他打电话告诉我，没有收到参会邀请。我问他资料是怎么提交的，他发过来后，我一看，天，我差点儿晕过去，个人资料上赫然写着"某某生物制药公司CEO（首席执行官）、某某大学营销学专业MBA（工商管理硕士）"。

我问，你为什么不写你是某平台签约作者，分享健康养生知识，目前已有几十万粉丝？

他嗫嚅着说，我不是觉得CEO这个名号比较大吗，通过率或许会高一点。

药企CEO这个名号的确不小，但却跟内容制造业一毛钱关系都没有，本来参会名额就很紧张，一个外行也跑来凑热闹，这不是"打酱油"吗？

所以，宣传自己也要弄清楚场景和受众，即使你在一个领域内大名鼎鼎，在另一个领域依然是隔行如隔山，别指望顶着一个光环就能照亮全世界，还是要想清楚自己到底想走哪条路才好。

一年前我参加了一次全球女性领导者峰会，看到畅销书作家金韵蓉上台演讲，她打趣自己说，有时候去做电视节目的嘉宾，主持人读她的名牌，一边读一边看她，似乎越读越没有底气，因为她的头衔实在太多了，心理咨询师、英语专业翻译、台湾美容专家、国际芳香疗法专家、专栏作家……

有一次，有个主持人开玩笑地对她说："金老师，如果不是因为我特别了解您，我会觉得您是个骗子！"

我们可能会觉得，金韵蓉老师好厉害，一辈子干了多少事啊，而且每件都那么成功！

但是据金老师自己总结，如果按照每十年为一个节点，来纵向地看自己的人生，她觉得自己走了一些迂回的弯路。虽说这些迂回让她积累了很多的经验，收获也非常大，但毕竟有些转型，是为了一些不得已的原因，比如要为孩子赚取高额的留学费用，并不是发自内心的热爱。所以，当儿子念完研究生，进到英国首相办公室当新闻官，有一定经济实力的时候，她向所有人宣布："我所有的弯路到此为止，从现在开始要完全做自己喜欢的事情。"

于是，她回到了自己最热爱也最擅长的心理咨询领域，帮助了很多人，也写出了很多情绪管理类畅销书，以"畅销书作家"的身份被大家熟知。自此，"作家"成为她最闪亮的一个标签。

这几年，有一个词的热度越来越高，叫作"重度垂直"。

在互联网经济的背景下，各个领域的划分越来越细了。那些在细分领域的创新者和领先者，逐渐脱颖而出。

我们在人生的每个阶段，都要为自己制定一个KPI，也就是关键绩效指标。

这个指标，是自己在本阶段的主要目标，找到一个适合的KPI的前提是，对自己有清晰的认识，包括你的现状和未来发展方向。抓住这个关键指标，工作就会围绕着一个"中心点"去进行，不会一天到晚忙忙碌碌、浑浑噩噩却没有进步。

做全才甚至比做天才更难，而优秀和平庸之间，有时可能差的只是一个选择。我们很难做到通吃每个领域，如果能够删繁就简，发挥自己的核心优势，人生就可能因此变得不同。

我很喜欢的一个作家兼连续创业者王潇，经常阐述一个观点——每个人的人生都是一部电影，我们在每个人生阶段，都得为自己编写一个剧本，然后照这个剧本，去演绎我们的人生故事。

你在这个人生阶段，最希望展示给别人的形象是什么样的，最在意的标签是什么？如果能够想清楚这个，然后不断地向它靠近，这就是一个非常值得羡慕的人生了。

如果心中感觉到不满足，成就感很低，其实要追究的是，在这个人生阶段，你找到了最想给自己贴的标签了吗？

借"给自己一个标签"，我们可以进一步了解自己。问问自己，你到底是什么样的人？你到底想成为什么样的人？你擅长什么？从擅长到成功的这段路，你想要怎么走？

在编排自己下一阶段的人生剧本的时候，我问了自己一个问题，未来的三年，你想成为一个什么样的人？

在笔记本上，我写下了三条：

我想成为一个好的写作者；

我想成为一个好的公司创始人；

我想成为一个有品位的生活家。

在这三个愿景之间甄选，写作是"重头戏"。我会把大部分的时间、精力和优势资源，用在写作上。公司的经营更加倚仗团队的力量，品质生活的获取则需要靠日常一点一滴的积累。

如果想再具体一点规划，还可以勾勒出一个几年后理想的自己，写在纸上，尽量写得细致一些，包括取得了什么成绩，达到了什么目标，梳什么样的发型，穿什么衣服，开什么车，跟什么样的人在一起……

如此，脑中自然而然就出现了一个非常清晰的路径图，知道自己最想得到什么，也知道自己要在哪方面付出更多。在这条路径图上，我们留下的足迹，就是我们想要给大家呈现的形象。

好的电影没有槽点，因为剧本的脉络绝对清晰，不会生出旁枝散叶的拖沓内容，好的人生也是如此。

目的越简洁，成功越容易

十几年前，有一个少年，还在上初中，有一天在学校小卖部门口看见一张海报。

紫色的背景下，一个球员高高跃起，身体舒展，飞翔在半空，准备投篮。

那时候的他，不知道科比，不了解被汗水浸泡的成功，也不了解他的"紫金王朝"，亦不知道他日后的人生会如戏剧般跌宕起伏。

但是，那一刻，夕阳的余晖下，紫色的科比纵身一跃，那种飘逸之美，那种自由的力量，深深地打动了一颗年轻的心。

自此沦陷。

近20年的"科粉"之路，他尽一切可能搜集科比的新闻，做厚厚的剪报，为了科比与别的球迷吵架……

科比的辉煌、低谷、决策、伤病、重建……无不牵动着他的心绪。

20年来，从一个中学生到为人父，大洋彼岸的科比伴随着他的成长之路，已经成为生活的一部分。

作为一个写书的人，他想：我要为科比写本书。

他把这个想法告诉身边的朋友，反对声一片。

有人说，写晚了，科比已经退役，写了也不好出版，不如写别的吧。

还有人说，这一类的传记只是给他人作嫁衣，你图什么呢？万一不能出版，你搭上的这些时间，随便干点儿什么都能挣钱啊！

对所有人来说，这都是最好的时代，也是最坏的时代。

对于一个写作者来说，也是如此。

这个时代充斥着大量的竞争，也充满了大量的机会，写什么，怎么写，可能直接决定着作者与名利之间的距离。

但是，人一生，总要做点儿不为名利的事情。

这一次，他只想真诚地写作。

写"科比传"，不是仅凭一颗"科粉"的热爱之心那么简单。传记作者最忌讳的就是在写作中夹杂自己的情感和主观的情绪，必须以冷静、缜密的态度，客观地呈现一个真实的科比。

在整个写作过程中，既要压抑自己作为粉丝的崇拜之情，还要系统地整理资料，仅整理资料一项，就是一个庞大芜杂的工作，困难一个接着一个。比如科比童年的资料几乎无处可寻、一些传闻逸事的真实性需要认真考证、重要比赛的数据信息需要逐一整理……

为此，他阅读了数十本出版物，有时仔细读完一本书，只为了寻找其中与科比相关的只言片语，重新看了几百段科比的比赛视频、查阅了数千条赛事新闻、采访。为了寻找灵感，甚至重读了一遍《灌篮高手》。

最后，还有一个时间的问题。

他有全职的工作，在图书公司做高管。写作的时间只能压缩在晚上，甚至是上下班的地铁上。

艰难的写作过程持续了一整年，其中有一半章节都是在地铁里用手机打出来的。

敲下最后一个句号的时候，一滴眼泪忍不住落在屏幕上。旁边的姑娘吓得马上挪到对面的位置，像是看傻瓜一样看着他。

此书一经出版立刻畅销，引发无数"科粉"关注，有人在大洋彼岸的美国关注了作者的公众号，天天追更，还有粉丝宣称，此书秒杀之前的各种《科比传》！

在这个充满奋斗气息的时代，谁都不想成为没有梦想的鱼。

你为自己的梦想努力过吗？

你为自己的努力落过泪吗？

为自己的梦想行动起来吧，有行动，梦想才更生动！只要为自己的梦想流过汗，落过泪，忍受过咬牙坚持的寂寞，无论成败，你都拥有了自己的光辉岁月。

就像,科比的人生,没有一刻放弃过奋斗,他说:"总有人要赢的,那为什么不是我呢?"

年纪很小的时候,我觉得有钱人的不开心都是矫情,所谓成功就是功成名就,名利双收,有了一点阅历之后,渐渐明白,衡量成功的标准,不仅仅只有金钱一条。成功者都赚到了钱,但是赚到钱的人,却未必都成功。

在赚钱之外,我们要追求的,是更有质感的成功。

我们喜欢买漂亮的包包,住漂亮的房子,喜欢别人羡慕自己,喜欢自己看上去比身边的人都优秀,并为之而努力奋斗,这并没有错,但其实真正让我们快乐的,是买包买房之后的感受,是站在舞台中央被人瞩目的荣耀,那一刻心花怒放,荷尔蒙爆棚。可是生命是一场漫长的体验,名利带来的狂欢会把快乐的阈值越拉越高,快乐的时间越来越短,甚至有时会觉得,为了这点儿快乐,付出的一切都有点儿不值。

在追求名利双收之前,最好先做一件事,问问自己为何要做现在做的事。想明白这一点,才能以更高的格局去践行自己的梦想。世界上能赚钱的事很多,但是赚到钱赚到名的人总是少数,所以以名利为标准做选择,从一开始就错了。

如果在做一件事之前,总是患得患失,担心赚不到钱,又担心损失了时间成本,又担心自己做不好……那么结果大多会不尽如人意。

做之前，想好了，做这件事，你想得到什么。

目的越是简洁，成功越是容易。

如果做这件事，就是你自己选择的活法，那么就尽力去做吧，全力以赴去做自己想做的事，肯定能有收获，也肯定能赚到钱。没错，你最大的收益是成就感和幸福感，钱，只是一个附加的礼物。

做你自己，因为你再怎么努力也做不好别人

曾经在网上看到这样一则新闻，在朱莉娅·罗伯茨获得2014年奥斯卡最佳女配角提名之后不久，她的妹妹南茜自杀了。南茜留下了长长的遗书，其中一半以上内容是指责朱莉娅·罗伯茨的。

这姐妹俩的芥蒂，很久以前就有端倪。南茜经常在推特上骂自己的明星姐姐，说她冷漠无情，长年累月地羞辱她，嘲笑她胖。"我上高中时，她已是成人，她不断地说我过重，不希望我也走这条路（演员），让我很受伤害。"南茜曾经搬到洛杉矶寻找演出机会，因发展不顺，自暴自弃变得更胖。

据传南茜选择在朱莉娅参加86届奥斯卡提名者午宴的日子自杀，就是为了给朱莉娅抹黑，以降低她获得奥斯卡的可能性。如果这个说法属实，那可真是为了"黑"人连命都不惜。

这则新闻爆出后，朱莉娅·罗伯茨果然未现身奥斯卡提名午宴。

南茜自杀真的是因为明星姐姐的压力吗？翻检一下朱莉娅·罗

伯茨的整个家庭，不难发现，这个可怜的姑娘所感受到的压力，恐怕不仅仅来自朱莉娅·罗伯茨。朱莉娅·罗伯茨的父母、哥哥、姐姐都是演员，侄女艾玛·罗伯茨是风头正健的新生代明星，并被视为未来天后，艾玛同母异父的妹妹格蕾丝·尼克斯，在不到五岁时就出了专辑……这真是一个星光闪耀的大牌之家。可以想象，生在这样一个家庭中，体重曾达到270斤的胖女孩南茜的感受如何。

即便是这样，以结束生命来表达自己恨意的方式，还是太令人震惊了。人与人生来就有差别，我就亲眼看到过一对双胞胎，在同一个子宫里孕育，在同一个家庭长大，吃同样的食物，长到20岁，身高却足足相差5厘米，这能有什么办法呢？

不肯承认自己与别人的差距，不肯正确地面对这种差距，只会让挫败感日积月累，最终成为巨大的心灵黑洞。

有人说南茜终于以自己的死亡成了一直梦想的"女主角"，可惜她再也无法感受女主角的荣耀了。

可是，南茜，你一直追在明星家人的身后，拼命地想成为他们那样的人，那你自己，在哪里呢？

心理学家武志红说："在接触心理学25年的时间里，我发现了一件很重要的事——一个人的生命，终究是为了活出自己。"

这么简单的道理，需要一个听了上万人的故事，咨询时间超过

6000小时，写了近三百万字著作的学者用25年的时间来发现？

是的！我们大多数人，觉得自己从一开始就明白这个道理，我们真的明白了吗？并没有！

如果你想要让自己活得不痛快，只需做一件事就够了：与别人比较，活成别人。

也许有些事情可以争取，但总有些事情是改变不了的，比如就算是动刀你也拥有不了林志玲那样的长腿。"我也想变成那样，但是无论如何也做不到"就是这个很令人抓狂的事实，如果无法将这种心理调适正常，就会引发嫉妒甚至记恨等负面情绪。

每个人一辈子，都有不同的经历、境遇，但都殊途同归，其实就是找到自己，在这广阔的世界里，找到属于自己的位置。

明明自己就是南茜，为什么非要做朱莉娅呢？假设一下，如果放下做明星的执念，南茜或许能成为一个很好的服装设计师，或许能成为一个很好的大学教授……

如果你发现自己是一个苹果，就全力让自己变得更甜，如果你是一个柠檬，就拼命去变酸。如果你是一个苹果却偏要去做一个柠檬，好吧，痛苦就上门了。

有些幸运的孩子，在很小的时候就被告知"做你自己"，比如股神巴菲特，他父亲不止一次地告诉他：尊重你的感觉，你的感觉越是别具一格，别人越喜欢对你说三道四，而这时候你就需要相信自己的感觉。

父亲的教诲让巴菲特拥有了一个非常高的人生起点，他自己说，正因为如此，我才能不轻易被别人的言辞所左右，也不去羡慕别人的成功方式，做到"别人贪婪的时候我恐惧，别人恐惧的时候我贪婪"，创造了一个又一个投资传奇。

年纪很小的时候，我觉得有钱人的不快乐都是矫情，那时候认为，幸福的标准，甚至成败的标准，就是功成名就。有了一点阅历之后，我才领悟到：幸福与否，是看一个人能否按照自己的意愿去定义自己的生活。

按照自己的意愿定义生活，有两大必要条件，一是一个人能不能明心见性，认清楚自己；二是在认清楚之后，能不能把控自己的人生。如果不能，痛苦就又来了。即便是可以号令天下的皇帝，也不一定就快乐，因为他可能偏偏不稀罕这份权力，非要喜欢当个木匠呢？

比如明朝的最后一个皇帝朱由检，生来就有做木匠的天赋，雕刻的刀法更是精巧绝伦，如果不生在皇家，很有可能成为具有工匠精神的一代大师，可惜的是，他最终成了亡国之君。对他来说，做皇帝是别人擅长的事，做木匠反而能成为最好的自己。

好在我们这个时代，没有谁家有皇位需要继承了，完全可以把做自己的权利牢牢地抓在自己手里。

最后，如同南茜的问题一样，好好地做自己，最难闯的一关是自己！

我曾经看过一本书，名为《自私书》，作者写道：人不妨活得自私一点，问问自己"我是谁、要什么、怎么做"。这些问题其实没那么哲学，它们只是提醒你换一个方式去关注自己，不要以别人的人生为风向标，不要纠结于外来的价值观，而是更直接、理性地自我审视，做出总结。等你变得更善于总结的时候，会发现自己也变得更加清晰坚定。

幸福的人生只有三步：定义自己，塑造自己，成为自己。你有自己的生活方式，你有自己的工作方式，你有自己的处事方式，这一切都是你自己喜欢的，别人的方式再好，不一定适合你。欣赏这个世上独一无二的自己，幸福就会如期而至地来敲门。

扔几件东西就是断舍离，想得太简单了

有一次，跟一个阿姨聊天，她说她年轻的时候，商店里保温壶限购，要出示结婚证才能买到。我当场哈哈大笑，觉得甚是荒唐，难道"单身狗"连喝热水的资格都没有了吗？

我们的烦恼跟上一代人截然相反，不是苦于物资匮乏，而是东西太多，买不过来！

最近两年，我姑姑总是被严重的高血压困扰。每次去看她，我都特别想说一句话，把你家满屋子的旧东西扔一扔，病说不定就会好点儿呢！在囤积物品方面，我姑姑简直到了登峰造极的地步。她家很多家用电器都是双份的，电视机有两台，冰箱有两台，洗衣机也像孪生兄弟一样，并排摆着两台。至于衣服、日用品更是堆积如山，每逢商场打折，都会大包小包地往家里买，等真正想穿哪一件的时候，往往在储物间里根本找不着了。厨房的地板上，满满堆着过期的面粉，长芽的土豆，橱柜里摆着一摞一摞的外卖盒子。

这些平时很少能用得上的东西，把本来就不大的两居室塞得满满当当，以至于阳台的门都打不开了，只能侧着身子挤进挤出。为了储物，又买了许多的储物柜，墙上也安满了吊柜，任何人一进入房间，立刻就会觉得胸闷气短、头昏脑涨。

高血压与情绪有很大关系，久居在一个像仓库一样的房间里，呼吸都不通透，谁能不心烦气躁？清理一下旧物，把居住环境打理得清爽一些，我相信对健康会大有好处。

在很多老人居住的老房子里，都或多或少会有这样的问题，经年累月积攒起来的各种旧物，挤占着房间的空间，人反而成了配角。我的一个同事的爷爷家更是夸张，专门腾出一个房间放旧东西，同事都快30岁了，爷爷还留着他小时候骑过的自行车。他家位于北京二环最好的地段，房价一平方米近10万，我算了算，这堆破烂占了价值二百多万的空间。

老年人或许缺乏安全感，满谷满坑的感觉令他们觉得安心，可是很多年轻人家里为什么也盆满钵满呢？

老人不舍得往外扔，我们却不停地往回买。

曾经有很长一段时间，我的减压方式是，每天晚上洗漱完毕，耳朵里塞上耳机，躺在被窝里用手机刷购物网站。

睡前的美妙时光，带来的副作用是，控制不住地剁手，买了很多用不着的东西。

生活里的很多问题，好像都能靠买个东西来解决，觉得自己不够光鲜就买个奢侈品，觉得自己不好看就买化妆品，觉得生活缺乏乐趣就买游戏装备。

靠"买买买"减压其实相当不靠谱，买了一个新的东西，感叹了一下"生活真美好"，短暂的快感之后，一切还是原样，除了银行卡里的钱少了点儿，多了个炫酷的新东西占地方外，生活一点儿也没有变好。

有人说，脸蛋越漂亮的姑娘，家里越乱。

有多少人，过着人前光鲜亮丽，人后乱七八糟的生活？

我们在占有物品的时候，物品同时也在占有我们，占有我们宝贵的时间和空间。

在我们这个时代，收纳不再是体力劳动，而变成了脑力劳动，以至出现了一种新的职业——收纳专家。

很多人觉得生活混乱不堪，家里被大量的杂物占据，往往是因为还没有想明白什么样的东西最匹配自己的生活方式和个人状态。

不知你意识到没有，我们和物品的关系，往往是我们心智模式的外在投射。

我们买什么，用什么，扔什么，其实都取决如何对待自己的心智模式。

我有一个女性朋友，把主卧的卫生间改造成了衣帽间，来收纳海量的衣服和鞋。看她朋友圈晒出的自拍，一会儿波希米亚女郎风格，一会儿又走欧美时尚路线，过几天又变身一身正装的白领丽人。

我一直不理解她为什么要不断买下那么多风格各异的衣服，活活将自己变成了让人眼花缭乱的衣架子。

有一次她跟我聊天，说参加同学聚会，看见一个女同学穿着白衬衫牛仔裤，一头黑发扎成马尾辫，全身上下没有多余的配饰，只在耳上戴了一对闪光的钻石耳钉，看上去好青春、好健康，她马上就把自己栗色的头发染回黑色，又一口气买了三件白衬衫和两对钻石耳钉。

过几天又说，参加孩子家长会的时候，看见辣妈们都好有气场，个个都是职场精英的样子，令她艳羡不已，于是她的衣柜里又添了几件大牌的职业女装。

我终于明白了，因为嫁了一个能干的老公，她早已实现了财务自由，根据马斯洛需求层次理论，最基本的生理需求和情感需求满足了之后，她心中自我实现的需求便迫不及待地露出了锋芒。她希望自己能更优秀，更完美，但苦于没有丰盈的内心做依托，只一味在外在形象上下力气，在盲目的模仿中，添补内心缺乏成就感的大洞，最终却只收获了满满几柜子的衣服。

比买衣服更重要的事，是她要先弄明白到底想成为什么样的自己，从而给自己的穿衣风格做一个明确的定位。

家里太乱，生活太乱，病根可能有很多很多，但是表现出来的症状只有一个，那就是东西太多。

于是大家又开始大呼小叫着"断舍离"。一个叫作《我的家里空无一物》的日剧空前流行，朋友圈里很多人高呼着要过"极简生活"，公布着各种各样的"极简清单"，要把家里的所有物品控制在100件之内，还有人甚至发起了"每天扔一件旧物"的打卡活动，恨不得扔得家徒四壁。

"断舍离"的本质，不是教人收纳的，更不是让人走到"扔扔扔"的极端。

"断舍离"是通过收纳物品来了解自己，整理自己内心的混沌，让人生更舒适的行为技术。通过向外整理，引发内在改变，让人进入一种利用物品又不会执迷的境界，过上"不役于物"的生活。

确实，我们的生活，完全可以有一种全新的可能，叫作极简生活。但是极简生活不是极穷生活，断舍离也不是要求人们"穷而少"，而是"少而好"。

一辈子都在给自己做减法的乔布斯，"Less is More"（简饰）不仅是他的设计理念，也是他的生活理念。乔布斯生前的经典形象，就是三宅一生设计的黑色高领衫加牛仔裤。1982年，摄影师在乔布斯家中拍下了一张照片。整个房间中，只有灯、音响、黑胶唱片机。

然而，每一个物件都是精心之选，点一盏灯，席地而坐，也许他改变世界的灵感，就是在这种简洁的环境下得到的。后来，据说他的客厅里只剩下一个沙发了，而为了选这个沙发，乔布斯夫妇用了八年。

每个品类只购买一件，但是，要在自己承受的范围内尽可能买优质的。贵，你才会好好使用；好，才能以一当十。这样就能够有效替代廉价物品的囤积。

所谓断舍离，真不是扔几件东西那么简单，扔东西只是表象和手段，目的是培养极简主义的思维和行为习惯，需要脱离对物品的迷恋——不执迷于物欲，自愿简化所需，专注于最本质的东西。

断舍离的主角不是物品，而是你自己。一个人所使用的物品，最能够反映出自我形象。通过筛选物品的训练，当下的自我形象就会越来越清晰地呈现出来。

在这个物质过剩的时代，懂得取舍与择优，把生活过得简单精致，与自己喜欢的一切在一起，这才是断舍离的精髓。

放下纠结，生活有时就需要简单粗暴

　　自从国家公布全面放开二孩政策，在很长一段时间里，生还是不生二胎，成了这个社会的主流纠结。到处都能听到关于这件事的讨论，好像一下子人人都患了选择困难症——是继续打拼职场还是回家生孩子？好纠结！

　　以前看过一个电影《升生两难》，女主角被婆婆催着生孩子，恰巧老板交代了一个很重要的项目，许诺做完这个项目就给她升职。生子还是升职？她面临两难的选择。两个选项都不想放弃，冥思苦想之后她想出了一个两全之策，因为新项目需要10个月的准备时间，如果能在一个月内怀孕，怀胎十月刚好做准备，然后她就可以休产假了，休完产假回来继续开展新项目。

　　计划得虽然挺好，但是在一个月内怀孕真是个相当有难度的任务，时间紧、任务急，她和老公百般折腾，排卵试纸买了一大堆，天天含着体温计测体度，各种补药补汤不停，结果天不遂人愿，在关键时刻，老公因为压力太大身体出了问题。鸡飞狗跳了一场之后，她不但没有怀孕，还被竞争对手趁机夺走了升职的机会。

畅销书作家吴淡如在《时间管理幸福学》一书中写道：人生需要懂得取舍，梦想要逐步完成，才不会在达成人生目标的同时也将自己逼疯了。

人为什么会纠结，就是因为不懂得取舍。在必须要选择的时候想要两全，让自己陷入焦虑之中，怎么选择都是痛苦。甚至有些人，明知不可能还勉强为之，弄得自己身心超负荷运转，最终什么都没达成，两手空空还累得半死。

喜欢纠结的人，大事小情都纠结，不一定只在人生大事上烦恼，可能连买什么牌子的牙膏也会纠结半天。有些人即便做出了选择，过一段时间后，也会觉得自己当时的决定是错的，现在的选择没有原来放弃的那个好，开始后悔。所以，在以后面临选择的时候，就更加纠结，更加谨慎小心，处处考虑，导致终日生活在紧张的心理状态中。紧张是一个人在面对某些情况时的生物本能，适度的紧张，对身心有一定的益处，但是当这种紧张感过度的时候，就会给人造成难以排解的压力。

这绝对不是危言耸听，如果生活中的紧张指数太高，就会引发极强的身心反应，你很有可能会出现以下症状中的一种或多种：

失眠或很早醒来，然后清醒地躺到天亮；

排山倒海般的头痛；

腰酸背痛，可能已经转变成慢性的疼痛疾病；

没有食欲，也可能正好相反，经常暴饮暴食；

情绪波动大，经常感到恐惧或沮丧；

与家人的冲突次数明显增加；

……

可见，为了身心健康和生活质量，我们必须终止纠结，让生活变得轻松一些，即便你把难题放下一会儿，地球也不会停转。依我看，让生活崩溃的不是错误的选择，而是因纠结带来的身心紧张。

我一直追求的状态是稳定的内心和有序的生活。作家黎戈在《晨之美》中写道："我喜欢过着整饬，有序的生活，每天规律地起居，做事，认一个甲骨文，识别一种植物，读一本新书，做笔记。晚上上床时会感觉自己越来越厚实，好像长出了一片新叶。同样，对友情、爱情，也喜欢这种稳定累积的意义感。就是随着时间的逝去，你知道有什么变重了，长成了。"

你会发现，这样的人，在面对选择时，就显得不那么纠结，因为有颗清醒的头脑和明白的心，知道自己要努力的方向，所以能使选择变得相对简单。又因为生活有序，积累丰厚，不容易陷入仓皇和局促的境地。

所以说，总是纠结的人，并不是因为生活中遇到的问题比别人更多，而是因为具有一种"纠结心态"，即使做出了一个决定，也会很快陷入新的纠结之中去。只有改变这种心态，才能从选择困难的折磨中解脱出来。

当我们站在人生的十字路口，为向左走还是向右走而犹犹豫豫，左右为难之际，就要顺势而为。

产生纠结心态有两个最主要的原因，一是我们想要的太多，二是我们想得太多。

当你实在拿不定主意的时候，无论如何殚精竭虑，都不会有一个看起来绝对正确的答案，此时不如顺势而为。

什么叫作顺势而为呢？当水流流向一个方向的时候，停下来看看它的势能有多强。如果你顺着它的流向，不迎面反抗，也不用力挣扎，就那样顺着它往下，到达水流末端的时候，你就会发现自己已经积累了很多的能量，此时，水流再改变方向的时候就能厚积薄发，乘势而上。

人最难的不是做选择，而是如何对待自己的选择，当你真正做完一个决定的时候，就好好地去面对它，以一颗平静坚定的心，告诉自己这是自己的选择，而不是别人拿刀架着脖子逼自己做的选择，所有的决定，都出于自己的自由意志。所以，有没有人要为我的选择负责任？没有！你做了就要对所有的一切负责。

学会顺势而为，其实生活可以很简单。

最后，要想一切都整饬有序，让心理和生活都有条有理，我们必须学会不时"放下"一小会儿，让自己的身体和情绪都休息一下。张弛有度，才是每天都保持好状态的方法。把手头的事情按照轻重缓急分一下类，排一下序，优先办重要的事情。只要秩序理清了，按部就班地执行，就不会出现琐事大爆发的恐怖场面，也就不会因为忙乱而抓狂了。

对于大多数人来说，要在忙碌的生活中，挤出一个周末，或者一整天进行放松可能很难。再说了，你可能也不太愿意在大段的休息后，还要面对更长时间的忙碌，因此，我们可以在每一天的生活中，不断地挤出小块儿的时间来让自己放松。

不管在外面多么忙、多么强悍，是超人还是钢铁侠，回家后都要彻底地放松休息。如果你下班后还有很多事情要做，比如充电、写作或者兼职，一天也至少要拿出20分钟的时间来放松。躺在床上，慢慢闭上眼睛，调整好呼吸，放空自己，什么都不去想，体会内心的宁静。20分钟后，你会感觉自己重新获得了能量。你可能觉得这有点儿浪费时间，但是如果20分钟的放松能够换来几个小时高效率的工作，是不是很划算呢？

过度的纠结，实际上是一种自我虐待，是对自己无尽的消耗与剥削。不要说人在江湖身不由己，没有人逼着你必须住大房子，必须开豪车，没有人逼着你事事都要争第一。让自己过上整饬有序的生活，睡个好觉，每天做20分钟的放松练习，把上得紧紧的发条暂时松一松，地球不会因此而停转，生活也不会变坏。

　　轻松点，纠结自然去无踪，生活才能更出众。

在复杂的世界里野蛮成长

网上有一句话我很喜欢，也引用过很多次，是这么说的："每个人出生时都是原创，悲哀的是，很多人渐渐成了盗版。"这句话之所以被疯狂转载，是因为它击中了很多人内心深处的痛点。

身边有太多这样的例子。

我有一个表哥，总对我说他最理想的职业是当一个影评人，实际上他是一个报关员。他不喜欢现在的生活，不喜欢没完没了的饭局和应酬，不喜欢三天两头地跑海关，不喜欢伺候客户，不喜欢写报告，不喜欢开会，后来发展到每次开会发言都手心冒汗，全身酸疼，晚上睡觉不能关灯，否则就做噩梦，典型的焦虑症症状。

在他一次又一次地对我抱怨之后，我问过他，既然这份工作让你这么痛苦，你就没有想过辞职吗？

然后他说起父母的期待，养家的压力，别人的眼光，以及他为这份工作付出的十年时间，这一切加起来，是一个不停扩大的障碍，堵住了他所有走向理想生活的去路。

我又问，那你没有想过在业余时间写写影评，发在论坛上，也可以自己申请公众号，只要写得足够用心足够好，也许一不小心还成了大Ｖ呢？

他沉默了一会儿，又说，琐事缠身的生活占用了他太多的时间，也早已将情怀和意气消磨殆尽，怕自己写不出好文字，无端地授人笑柄。

那么，我也没什么可说的了。很多人活得足够努力和认真，但是他们就是不开心。做自己生活的主人，不仅仅需要努力，需要勤奋，更加需要勇气，需要自信。

每个人在成长过程中，都会受到来自家庭、学校、社会的一些标准的制约，都要接受他人的目光和评价。但是这些标准和评价，有时与我们内心真正的希望相悖，迫于压力，很多人渐渐地成了盗版的自己，所以也开始远离幸福，内心深处无比拧巴，时时较劲，生活似乎成了一场心有不甘却又格外卖力的表演。

在电视剧里看到过这样的一幕：孩子不好好吃饭，说不喜欢吃青菜。妈妈就说不吃就不吃吧，算了。爸爸愤怒了，说，不喜欢吃就不吃吗？你这样怎么走向社会？只做自己喜欢做的事能适应社会吗？能挣钱吗？你看我，一辈子都没做过自己喜欢做的事。

忠于自己，是一个人的乐活之本。别人希望你做什么，别人说你什么，都是上下嘴皮一碰那么容易的事情，但做起来，其中的辛劳，需要你自己一点一滴实实在在地付出；其中的责任，需要你自己实实在在地承担，甚至需要你付出毕生的时间和精力，这样一想，其中的得失是不是值得好好掂量掂量？话都让你说了，苦都让我吃了，这叫什么道理？所以，我们做什么不做什么，别人有什么资格来指导？

忘记了在哪儿看到过这样一句话："人生苦难重重，我只想去吃我自己选择的苦。"说这话的是一个十六岁的少年。他绝对是一个智者。就算人生苦短，一定要吃很多苦的话，这个苦也最好是你自己选的。

大红大火的辩论节目《奇葩说》，曾经辩论过一个辩题——我们最后变成自己讨厌的那种人，到底是不是一件坏事？

辩手邱晨的发言，我觉得说到了点子上。"唯一的问题出在哪儿？它不是我自己选的。所以，到最后，我终于过上了上进的、健康的生活之后，我终于成了我父母想要的'别人家的孩子'，可能我的父母看着我会说，你这样挺好的，可能我的朋友无奈地叹气说，你这样也挺好，可是我自己会对自己说，这样真的不好。"

波伏娃曾说："在19岁的时候，我就已经坚信，只有自己才能赋予个人生命存在的意义和价值。"她认为，人没有什么宿命，一个人要成为什么，取决于自己的选择，自己的行动，自己的"介入"。

简单，
应对复杂世界的利器

"抖音"APP上流行着一首歌《三姑六婆大家好》，我觉得就像是年轻人对自由生活的宣言：

> 大家好，三姑六婆大家好
>
> 我在外面很开心过得肯定比你儿子好
>
> 打我喜欢的游戏，收集喜欢的玩具
>
> 放我喜欢的CD，想放多大声都可以
>
> 每天都穿新球鞋，过完年后去纽约
>
> 喝雪碧，feel so lit，但是还是不抽烟
>
> 我过我的生活也爱我的生活，努力创造童年想象中的生活
>
> 我拒绝和你们过一样的生活，有才华有样这些都是我的bankroll

据说大龄未婚青年最怕的事情就是回家过年，甚至有人把春节戏称为"春劫"，因此还发展出一个产业来，"租女友""租男友"。为了堵住悠悠之口，就连这种荒唐的权宜之计都能想出来，把年轻人都逼成什么样了？

不只是"单身狗"害怕"春劫"，就算是已婚人士，也难免要遭遇三姑六婆的"夺命连环问"：

"一个月挣多少钱？""还考研吗？""买房了吗？""什么时候

要孩子？"……

于是，每逢临近春节，网上就会流传各种攻略，教人怎样应对亲戚的询问，什么"先发制人法""笑里藏刀法"等花样百出。

还有人把亲戚们的关心总结成一副对联：

上联：考了几分什么工作能挣多少呢

下联：有对象没买房了吧准备结婚吗

横批：呵呵呵呵

回答同样也是一副对联：

上联：这个吗呵呵呵呵呵

下联：那什么哈哈哈哈哈

横批：阿姨吃菜

在《乌合之众》里古斯塔夫·勒庞有段话说得特别在理：人一旦到了群体之中，智力就会自动下降，为了获得所谓的认同，愿意抛弃是非观念，用智商去换那份让人感到安全的归属感。

看看，为了得到认同感，交上的却是智商税。

如果我们能在三姑六婆的"围攻"下，都抱着像歌词里那种坚持自我的心态，想来每个人都能快乐地做正版的自己。

第二章

心智：生活有生活的套路，你有你的打法

任他几路来，我只一路去

我曾经问过一个跳过三次槽，一次比一次跳得高，混得风生水起的女性朋友：你的职场必胜秘诀是什么呀？

她说，任他几路来，我只一路去。

请她详细解释一下，她说，她从来不搞办公室政治，而是集中优势兵力，攻克工作中的难题，日积月累，渐渐地就成了办公室里那根不能替代的萝卜。

我想了一下她平时给人的感觉，看起来完全是纯良无害的"萌萌哒"，原来有大招藏着，"一招鲜，吃遍天"啊！

"所以，"她说，"有人觉得拼命工作很苦，总想找点儿捷径，但是每个人对苦的理解不一样，在我看来，没完没了地看别人脸色才是真苦，好在我靠努力还能保持一点儿真性情。"

作家亦舒说："故意收起真性情去迎合某人某事，肯定是极痛苦的营生，所得到的永远无法弥补所失去的。"

在生活中，总是对别人一味迎合的人，必然抱着某种明确的目的。看起来似乎是八面玲珑，很懂交际技巧，实际上已经犯了交际中的大忌！人与人之间的交往，有时候就像投资一样，别人觉得你有价值，才愿意与你交往，别人欣赏你，才愿意把你收藏到朋友圈里。如果你是个有价值、有魅力的人，好的友情和关系就会纷迭而至，不需要你一味地去苦苦追随别人。如果把功夫不用来提升个人魅力，提升个人价值，而都用在讨好别人上，再怎么累都像是一场小丑表演，得不偿失。

在狗血电视剧中，这样的例子很多，有的人处处以别人的喜好为方向，完全迷失了自己，跪在尘埃里，节操碎了一地，机关算尽却一无所得；有的人不争不抢，顺其自然，反而总有好事往上贴。是正义终将战胜邪恶吗？当然不是！不争抢不等于不努力，所谓功夫在别处，功夫下到了，结果自然就圆满了。

我们想要的东西，求是求不来的，只能用自己的引力吸过来。保持自己性格中最美好、最独特、最真实的那部分特质，只有美好的真性情，才经得起时间的考验。

我们不需要在乎别人看我们的目光，但必须在乎看待自己的方式。你的心若凋零，他人自轻视；你的心若绽放，他人自赞叹。

作为普通人,我们每一个人都有自己的不足和局限,但也都拥有让别人羡慕不已的东西。然而,比起自身的优势,我们的缺点会备受关注,这常常会让我们感到失望。

心理学家称,我们应关注一些能帮助我们塑造自我的重要品质。当面对自身缺点时,我们可以通过自我肯定来保护我们的自尊。自我肯定已被证实拥有巨大的影响,能减少自我受挫折时产生的焦虑、压力和防御反应。

有句话叫"没有金刚钻,不揽瓷器活",很多人缺的不是能力,而是自我肯定的态度。他们因为不自信而畏惧,所以永远不会拥有自己的"金刚钻",自然也揽不来瓷器活。

我在作家王朔的博客里,看到过这样一段话:

"经常有人语重心长地对我说:'你没有金刚钻,就别揽瓷器活了。'通常我都是微微一笑,心想:你怎么就知道我有没有金刚钻呢?'金刚钻'只是个比喻,比喻能力,但能力不像运动员的比赛成绩那么清晰明确,很难量化,很多时候都是说你行你就行,说你不行,行也不行。所以到底行不行还是要自己做到心里有底,如果自己也没底,那就先去做,做了之后你才能真正知道自己究竟有没有这个'金刚钻'。即使最后没做成,最起码你也达到了'没吃过猪肉但也见过猪跑'……如果你没有相应的位置,也打心里觉得自己没有'金刚钻',那你也别忘了'瓷器活'。因为还有一句老话'不怕贼偷,就怕贼惦记着',你就时刻惦记着'瓷器活'，看看自己干'瓷器活'还差些什么，然后努力去提高自己的能力，只要你坚持努力，总有一天你会发现自己的'铁钻'成了'金刚钻'。"

你要不断地为自己积累"金刚钻"，这就是骄傲的资本。说到底，有资格骄傲的人都是有选择的人。千万不要把自己逼到"人生只有一个选项"的境地中，当你别无选择的时候，还骄什么傲，除了夹着尾巴做人还有别的法子吗？

资本分成硬性和软性的，比如你想骄傲地炒了老板，硬性的资本是你至少得拥有够一年花销的储蓄，支持你裸辞后能生存；软性的资本是指你在所处的行业里有一定的人脉，平时能给你介绍点儿小私活，有人给你来个内部推荐什么的。

积累以上的东西并不难，大概两到三年的时间就很充裕了，无非是主动积极多参与一些大项目，平时多和业内的朋友联络、建立起自己的好口碑。不要偷懒，不要天天追剧，少打游戏，规划性地储蓄，和"月光族"说再见。

如果你想潇洒地跟一段感情说"拜拜"，硬性的资本就是你至少能养活自己，离开这个人后生活不至于一下子陷入困窘；软性的资本是你能够做到情感独立，有自己的圈子和空间，有支撑自己内心世界的东西。

　　当你有了这些资本之后，就不必再去适应所有的规则，开始有
底气对不合理和不喜欢的事情说"不跟你玩儿了"，创造属于自己
的游戏规则。

　　你一路杀将过来，慢慢有了起色，这就是值得骄傲的事情。每
个人都知道：今天的你比昨天的你更优秀，而未来的你又强过今天
的你。这样的人，世界都会支持你！

别在该动脑子的时候动感情

从前，有一个姑娘，生得很美，但职业不是很好，是南京钓鱼巷的烟尘女子。

有一天，姑娘与一个前来寻欢的衙内一见钟情，私订终身。临别之际，姑娘送给情郎一张自己的画像，叮嘱对方早日归来迎娶。

这位衙内的父亲是朝中权贵，家教甚严。他回家向父亲磕头请安的时候，不慎把画像掉了出来。

怕老爹责罚，情急之下，撒谎说这是自己给父亲物色的美女。

他父亲一看照片，果然美貌，立刻派人去接。

一顶小轿便把姑娘从偏门抬进府宅，匆匆就入了洞房。

到揭盖头的时刻，姑娘才发现英俊年少的情郎，成了身材矮胖的糟老头子。

豪门一入深似海，从此情郎是儿子。

姑娘不得不认命，一口气给老头生了五个孩子。

豪门毕竟是豪门，后来老头死了，虽然有多房妻妾，姑娘还是分到了巨额财产：

银圆26.4万元、黄金20条、房屋100间。

银圆26.4万元是什么概念呢？

按当时市价，26万银圆可以买30栋上海的小洋楼。此外，还有金条和100间房屋，如果不出什么意外，这些钱一辈子都花不完。

姑娘自己也是这么认为的，于是拼命挥霍，还到处投资。

投资出去的钱收益如何，一概不管，于是，到解放初期，姑娘一家人竟穷得连饭都吃不上，靠在北京街头卖冰糖葫芦艰难维生。

穷则思变。

1955年，北京向外地迁移无业人口。政府宣传说，移民能分配住房，过好日子。

姑娘头脑一热就报了名。胸佩大红花，移民到了大西北。

政府也没有食言，给她分了两间房，每月供应生活用品，姑娘终于可以吃上饱饭了。

好景不长，两年后姑娘因为出身不好，供应全被取消了，生活越来越贫困。

1958年，全国实行人民公社"大锅饭"制度，姑娘已经66岁了，体弱多病，天天扶着墙，迈着"三寸金莲"，摇摇晃晃地去食堂吃饭。作为乡间的传奇人物，还得忍受众人的围观。

一天，队长发现她连续三天没到食堂吃饭了，到她家中查看，目光所及一片破败，玻璃窗全碎了，姑娘睡在塌了一半的土炕上，身下铺着稻草，身上盖着破棉被，大小便都在塌陷的炕里，惨不忍睹。

曾经坐拥千金，此时竟沦落至此。

锦衣玉食的豪门生活，恍如隔世。

1958年的最后一个夜晚，姑娘在贫病交加之中，走完了她66年的人生之旅。

姑娘死后一个月，一封信从中国银行北京分行寄到当地，大意是，姑娘在民国期间存了6000元银圆。

那会儿上海普通人家每人每月的生活费也就10元，6000元银圆着实是一笔巨款！

又过了半年，另外一纸公函飘然而至：经查，原在南京某半条街的房屋，是姑娘的私产，后被日军侵占，如今落实私产政策，通知姑娘本人去接收。

除去挥霍掉的财产不说，也不说这半条街的房产，仅银行中的6000元银圆的存款，也足以改变姑娘的境况了，她为什么一直不去取呢？

原因是，忘了！

她把这笔存款给忘了！

这位姑娘，就是袁世凯的六姨太叶蓁。

坐拥千金却半生苦寒，一辈子一连串的乌龙事件，她生生地把自己的生活弄得一地鸡毛。

人最可怕的不是没钱，而是没脑子。

叶蓁这一生，拿到手里的牌其实不算太坏，却被她生生打成了败局。她对生活没有任何自己的思考和规划，完全随波逐流，最终沦为人生风雨中的一叶扁舟，朝不保夕，命运无法掌握在自己的手中。

前段时间，请朋友介绍一个有销售经验的人给我认识。

对方介绍了一位叫莉姐的中年女子，一起吃饭，我说，听说您做过多年销售，也做过团购，线上线下的经验都很丰富，想请教一下……

话还没说完，她就打断我，语速飞快地说："现在谁还做团购啊，我在做电商。"

"哦，是什么平台？"我又问。

然后，可怕的事情发生了，一顿饭她都在滔滔不绝地给我们灌输着她的投资理念，宣传这个所谓的平台获利颇丰，而且还是不劳而获。

其实，没听她说几句我就判断出，她口中的这个投资模式是个骗局。

我问："你们这个平台的收益从何而来？"

她说不清楚。

本来想劝她一句，对于自己不懂的东西，无论看上去多美，也不要轻易尝试。

但是看她那种急于给别人洗脑的状态，还是三缄其口吧。

朋友很抱歉地说："我真不知道她现在变成这样……"

出于好奇，打听了一下她的经历。

离异，单亲妈妈，北漂多年，早年踏踏实实做过销售，也赚到过钱，但总想挣快钱，迅速改善生活质量，再加上认知能力有限，最终误入了歧途。

有人会不解，为什么这些特别不靠谱的事儿，总能吸引那些明眼人飞蛾扑火？

像莉姐这类人，有一个很大的共同点：年轻的时候，并非不努力，但是没有做好人生规划，也没有什么理财意识，财务状况一直不甚好。随着年纪渐长，事业也没有什么大的进展，愈发急于突破困境，在焦虑和困窘中，价值观逐渐出现偏差。

骗子勾勒出的大馅饼，成为他们生活中的一根救命稻草。他们想抓住这根草，游向自由人生的彼岸。

人生的蝴蝶效应，有时并非是一念之差，而是一念又一念累积起的风暴。

有一个女性朋友，以前从事高薪的工作，但却是个连续的月光族。现在辞职创业，并没有多少启动资金，目标也不是很明晰，导致工作和生活都磕磕绊绊。

一次聊天，我说她不擅做长远规划，话刚开头，就遭到对方激烈反驳。她说她不喜欢说教，不喜欢被别人修正价值观，说自己自由至上，不看重钱，说自己单身，还有资本任性，有资格选择活法儿。

为自己做个人生规划，不明白为什么在有些人眼里，与梦想、情怀、自由等是对立的？

人生得意须尽欢，千金散尽还复来？姑娘，那是几千年才出一个的李太白！

过于脱离现实的自由，只能是一场海市蜃楼。

太多拿自由说事儿的人，问问自己，是懒惰，还是逃避？

有段时间，消失很久的歌手朴树又出现在大众视线里，他参加综艺节目，说自己缺钱，人总是要吃饭的。

凭朴树的声名，如果他想赚大钱，即便久不在大众视线里仍然有一百种方法。所以，我相信他确实是一个淡泊名利的人。

但是，如他自己所说的那样，这12年来，头发越来越少，父母却越来越老……

对于这些慢慢发生的事情，他用了一个词——恐惧。

没办法，生活就是这么残酷，你对它妥协，什么都不想做，最后它还是会逼得你毫无退路。

对于朴树的粉丝来说，更希望看到的是那个永远桀骜的少年，而不是现如今这个"愿你出走半生，归来居然为钱"的朴树。

　　我常常想，如果自己十年前就能有一个很好的人生计划，好好规划自己的职业发展路径，好好理财，生活应该会比现在好很多。

　　人生规划要趁早！基本上，越早开始规划，人生就会越从容，越自由。

　　当然，从现在开始也不晚，根据自己的情况，勾勒好未来的蓝图，然后安安静静地为自己的目标而努力，终究会迎来生命中的高光时刻。

从经典人设到超级 IP

近几年，IP（知识产权）概念开始爆发，已经成为娱乐圈、文化圈、投资圈的热词，原本IP的本意是知识产权，后来逐渐被演化为有内容力和自流量的魅力人格。

或许你会说，我就是个草根，当不了明星，至多拥有个经典"人设"，要什么超级IP？

非也！

好莱坞著名娱乐公关人霍华德写过一本叫《我要成名》的书，序言中有这样一段话："不管我们的目标是要扬名世界还是获得当地民众的关注，是取得商业上的成功还是办好一场简单的糕饼义卖会。最终，我们都会收获属于自己的'耀眼一刻钟'。你是否有能力延长这一刻钟的时间取决于你自己。"

一个普通人成为明星很难，但在自己的交际圈里星光熠熠，打造成一个耀眼的小IP，还是很简单的。

不知道你会不会有这种感觉，年少读书的时候，身边总会有几个"明星同学"，多年过去，即使不再联系，你仍然对他们记忆深刻。有些人却恰恰相反，拿着毕业照，对着那几张似曾相识的脸，你怎么也想不起他们的名字，他们面孔模糊，衣着普通，成绩一般，没有任何亮点给你的记忆提供线索。

很多人都这样，没有任何出彩的地方供人记忆，很容易就湮没于茫茫人海中，毕业的时候班主任推荐工作，上班后领导推荐升职，都没有他们的份儿，但这也不能怪领导，因为他们实在让人想不起来。

这样"悲摧"的人生是不是应该马上改变？

我们提倡简单生活，不等于稀里糊涂活着。在生活这本大书中，把自己标注出来，让别人知道你是怎样一个存在，让别人感受到你的能量和坚定，才能让一切都清晰明了，过上顶级的简单生活。

让人记住，令人印象深刻，与众不同，这就是平常人所要努力打造的IP。

在生活中，有一个名词越来越被重视，那就是"个人品牌"。美国管理学者彼得斯说过："21世纪的工作生存法则就是建立个人品牌"。他认为每个人都需要像明星一样，建立起自己个性鲜明的"个人品牌"，让大家都真正理解并完全认可。

谈到个人品牌，很多人都觉得距离自己太远。其实不然，每个人都有自己的品牌，只是大多数人在大多数时候都忽略了这件事情。比如说大家谈论起某人，有人说这个人是个"快手党"，工作效率极高，那么恭喜他，他的品牌价值就是执行力好，让人放心。

个人品牌体现的是一个人在别人心目中的价值、能力和作用，因为个人品牌具有极大的差异化，让你可以从芸芸众生中迅速脱颖而出；个人品牌也代表着个人能力、信誉、才干，可以为个人带来更多的发展机会。

给你的个人品牌冠上一个鲜明正面的logo（商标），来证明你不是流水线上的大众产品，而是有着独具特色的个人品牌，这就是打造IP的第一步。个人品牌的价值受很多因素影响，但究其本质，还是由个人的"产品质量"决定的。问问自己，如果我是一个"产品"，含金量高吗？有产品价值吗？有什么核心竞争力？

要拥有一个闪亮的个人品牌，就得善于培养自己能力上的某种优势，能力和价值是打造IP的基础。

很多人都熟悉零点乐队，主唱周晓鸥被誉为有"刀锋般的嗓音，孩童样的笑脸"。可惜的是，我这个"乐盲"一直以为周晓鸥是个狗血剧里的二流演员，充其量也就是个无足轻重的配角。直到有一天，在一个叫"我是歌手"的节目里看见了他，把一首《爱不爱我》唱得缠绵悱恻，举手投足之间尽显不同，简直就是电视剧里那个人的分身，除了脸一样外，再没我印象中摇滚青年的愤怒模样。

我傻愣愣地对闺密说，这个演员竟然这么会唱歌？闺密差点儿昏过去，她说："你是从古代穿越来的？周晓鸥都不知道，人家是零点的主唱，这首歌是人家的成名曲！"周晓鸥的超级IP，绝不是从电视剧里客串出来的，而是他最擅长的唱功带来的。

可见IP不是空穴来风，至少得有一个厉害的特长做依托。可能你并不以此为傲，但是在胸有成竹，完全掌控得了的情况下，整个舞台就是你的，气场就会像瓶子里的酒精，不让它挥发都不行。

对此，天天与明星打交道的霍华德的建议是：要做毕加索，首先从画好苹果开始。在打破规则之前，应该先学习怎样遵守。

打造一个与众不同的个人品牌，可不是单纯地标新立异。买一大堆关于人际交往的书钻研攻心术，不如老老实实地遵守规则，比如，在人际交往中有一个好态度，在能力范围内乐于帮助别人，不迟到，有时间观念，学会倾听，有耐心，讲诚信……

有句话叫作"要做事先做人"，一板一眼地把这些都做好了，然后踏踏实实地提升自己，内外兼修，秀外慧中，你的外形让人眼前一亮，你的品质令人赞许，你的范儿也就自然散发出来了，挡都挡不住。

只有优秀的你，才会成为最受欢迎的"IP"。把自己修炼得越优秀，IP就越耀眼，行走在人群中就会自带流量，自我成长、自我成就的欲望也就越强，能够驾驭的事物也就越多，也就越能过上简单、自由的生活，这是一种相辅相成的良性循环。

对自己外表的态度，就是对生活的态度

　　我有个朋友，曾经是一家网站的业务经理，有很好的收入和前景，却不知因为什么失业了，自此就一蹶不振，在大家的视线中消失了很久，有一天她突然哭哭咧咧地来找我，说自己身无分文，走投无路，就要流落街头了，刚好当时我有一间小房子暂时闲置，就让她先住进去再另行打算。在之后的三个月里，每次我去看她，总要敲半天门，听见她在里面咣咣当当地一顿忙乎，然后蓬头垢面地来开门，开门之后满屋子的烟雾，桌子上满是残羹冷炙，至于地上都不用提，自然也是满地的垃圾。

　　我们的另一个朋友大芳雄心勃勃地想要改变她，帮她还了信用卡，办了健身卡，带她做了头发，买了新的化妆品、衣服、鞋子、包包，还给她找了份兼职工作让她在家里做。一周以后，我再去看她，新发型已经蓬乱，照样是满屋子的烟雾，当时她正容颜憔悴地坐在电脑前玩游戏。有时候我坐在旁边看她玩，感觉她入戏太深，就像一个自信满满的女CEO（首席执行官）对下属安排工作一样，运筹帷幄，纵横布局，戴着耳麦，对着话筒一直不停地说呀说，那种认真和投入的程度，让我这种不玩网游的人无法理解。两个月后，她留下一张字条不辞而别。

我在很长一段时间里绝口不提这件事，因为它使我和大芳看上去像两个傻瓜。先不说我们两个愚蠢自大的家伙是不是把自己当成了救世主，单说她的问题，如果一个女人连洗脸都懒得洗了，那即使是上帝站在她面前也没有用。

职业规划师古典说："在北京，如果你想搞废一个人，那就提供一个没有经济压力，随时可以上网、看书、吃饭的房子吧。"我不能说我的这个朋友是被我搞废的，但我确实给她提供了一个可以自暴自弃的环境。

我之所以在她来找我的时候提供这种帮助，有两个原因：第一是她曾经在我困难的时候帮助过我，做人不能说一定要滴水之恩当涌泉相报吧，但至少也得做到知情知意，有个礼尚往来；第二是，我与她初次见面的时候，她给我的第一印象相当好。我跟她是在一个展会上认识的，当时她穿着一身合体的职业套装，把她衬托得非常知性，她有一个绰号叫"冠军"，因为她的业绩年年都是第一。

第一次见面，我就把她定位为一个非常优秀的职场丽人，即使后来稍显落魄，也以为是在低谷期需要时间调整。其实万事都是有因有果的，如果她是一个靠谱的人，又怎么会变成后来那样呢？后来我才得知，她一贯是一个不修边幅的人，展会那天的得体形象，是她的老板逼她捯饬成那样的。那套衣服，她买回后就穿了那么一次，吊牌都没拆就退回去了。她不但不注重形象，在工作上也是一个缺乏自控力和执行力的人，之所以有那么好的业绩，是因为与一个大客户私交甚好，每年给她的单子占了她业绩的百分之七十。后来，那家合作企业换了领导，新任领导不买她面子，她的业绩自然就直线下降，熬了半年后毫无起色，自动辞职了。

有人觉得，太平盛世，尚且不是人人都能维持精致优雅，更何况身处逆境之中呢？但是，人越是在低谷中，越不能放纵自己。其实失败并不是最可怕的事，最可怕的是陷入糟糕的状态日复一日无法自拔。

心理学研究发现，与一个人初次会面，45秒钟内就能产生第一印象，而最初的0.25至4秒给对方留下的印象是最深刻的，就在这转瞬即逝的4秒钟，便形成了别人对你这个人75%的判断和评价。所以别人第一印象中的你不管是不是真实的，这种印象在人家脑海里都很难改变。因此，第一时间呈现出的姿态、服饰、表情、眼神、语言等印象，虽然片面，却会给人们的人际关系带来深远的影响。无论你相信与否，有时候，第一印象就是我们唯一一次表现自己的机会，直接决定着人际交往的命运。

不同的仪表给人不同的印象，随之就会有不同的际遇。你给别人的印象，是让别人决定你是否可信的重要条件，也是决定别人如何对待你的首要条件。你尽可以说以貌取人是多么肤浅和愚蠢，但事实就是人们每时每刻都在根据你的服饰、发型、手势、声调、语言等对你加以判断，不管你愿不愿意，都会留给别人一个关于你的印象，并且这个印象又毫不留情地影响着你的生活。

霍华德说："如果说到仪表问题，好莱坞的那些人身上有一点很值得学习。他们的穿衣风格迎合了理想工作而不是现有工作的品位要求。我并不是说如果你是美国海军陆战队中的一员，你就得穿得像海军部长一样。但是，你的自身形象与你的衣着确实有着某种程度上的联系……在任何公共场合，外表得体、举止大方都是非常重要的。请记住，任何有知道你的人出现的地方都能称得上是'公共场合'。人们对你的评价并不只是看你的谈吐，还看你的仪表。这就是人性。"

既然这是人性，我们就不能活得反人性或者没人性。著名设计师可可·香奈儿说过："每一天都要打扮得精致漂亮，因为你不知道自己会遇见谁。"如果你不是一个资深的宅男腐女，有正常的人际交往，就不能对自己在公共场合的仪表有所疏忽，有些事情是非常"寸劲儿"的，就像快递小哥总是在你洗澡的时候送快递，公交车总是在你刚刚离开站牌的时候来了，可能你职场或者人生的贵人，恰恰在你最无精打采的那一天出现。机会可能来过，但你却没有保证最佳的出场状态。

话说回来了，谁不愿意自己看起来漂漂亮亮，光光鲜鲜的？可是生活艰辛，为了晋升成经理，每天早上连早点都顾不上吃，干活如牛，走路生风，连胡子都没时间刮，哪有那么多闲时间梳洗打扮？

再或者，身为自由职业者，每天对着电脑度日，宅女一枚，除了快递小哥难得见个活人，打扮好了也没人看，一大早起来"对镜贴花黄"，有那个必要吗？

当然有必要！如果你羡慕有些人总是交际的高手，情场的宠儿，职场的骄子，那么不妨看看他们背后做的功课。有人说他们得到的都是出于幸运，殊不知机会总是垂青有准备的人。可以观察一下，那些似乎轻易就能在派对上获得大家欣赏，遇到好的恋爱对象，频频升职的人，有哪个是对自己外表潦潦草草，得过且过的？

英国有一家著名的形象公司，曾对300家金融公司做过调查，发现在公司中职位越高的人越认为形象是成功的关键，因而就越注重自身形象的塑造和管理，并且他们也愿意让那些有出色外表并能向客户展示出良好形象的人升职。

再强调一下，注重形象不等于穿得越显眼越好，重点是要适合你。加拿大形象设计师海伦·布朗杰说过一句话："裙子越短，权力越小；领口越低，权力越小。"这句话是职场的穿衣法则。推而广之，在职场外的其他领域也一样，你要明确为自己设计的形象定位是什么，你准备出席的场合是什么，你的穿衣原则是要为这些目的服务的。

对待自己外表的态度，说到底，源自每个人不同的生活态度。不仅仅是外表，一个人的居室整洁程度，所选择的生活方式等等，无不与其生活态度相关。从心理学的角度说，个人空间和私人领域都是身体的延伸，一个爱惜自己外表的人（我说的爱惜自己外表的人，绝不是那种平时陷在"猪窝"里，出门时捯饬三个小时的人，而是独处时也能把自己收拾得干净利落，真正爱惜自己外表的人）总会尽量使自己的居室保持整洁，那样会令他们感到更加舒适和自信。

教育家张伯苓说："人可以有霉运，但不可有霉相！越是倒霉，越要面净发理、衣整鞋洁，让人一看就有清新、明爽、舒服的感觉，霉运很快就可以好转。"他还编了一句顺口溜："勤梳头勤洗脸，就是倒霉也不显。"

人生不如意事十之八九，即使栽了跟头，也不必非得把那点儿沧桑都写在脸上。大家都很忙，没有人有义务必须透过你邋遢的外表去发现你美好的心灵，发现你优秀的内在，挖掘你卓越的能力……你必须干净、整洁，甚至是精致！一个明朗的形象才更能让人信任，让自己得到成长的机会，这是每个人做人的基本任务，不分男女。

不论多么忙，每天抽点儿时间，好好打理一下自己，从头到脚都让自己满意了，底气就足了。眉头舒展，笑容自信，好运自然就来了。

别加戏，简简单单地做自己就好

办公室新来了一个姑娘叫小曼，这姑娘工作能力挺强的，事务处理得非常利落，脾气也好，开朗大方，跟大家处得都不错。如果说有什么缺点，就是太爱在工作的时间打电话。她的电话特别多，隔一会儿就有人打进来。她接电话的时候总是拧着眉毛，语气极不耐烦，语调通常会越来越高，最后好像要吵起来了似的。时间长了，大家总在一旁听，也略知一二。总给她打电话的是一个被她称为"李总"的人，好像是在追求她，她明显对这个人不感兴趣，有点儿不堪其扰的感觉。

后来，她告诉我们，追求她的这个人是她原来公司的老板，她就是因为不胜骚扰才辞职，现在换了工作对方还是纠缠不休。看着小曼泪眼盈盈的样子，大家怜香惜玉之心顿起，纷纷出谋划策，帮她想办法怎么摆脱渣男。

这个"渣男"特别执着，一直给小曼打电话，想跟她约会，小曼也总是给大家讲这个人的一些花痴行径，讲着讲着，把大家都整得有点儿感动了,都跟小曼开玩笑说,既然这个人长得还行,又有钱,对你还那么痴情,不如就从了吧。

有一天,小曼的手机又响了,像以前一样,她接起来说了半天,气鼓鼓地挂掉了。中午吃饭的时候,坐在小曼身边的艾莉欲言又止,终于没忍住,对大家说:"今天小曼的电话铃声响起来的时候,刚好我起身去发传真,无意中看到她的手机屏幕,上面有两个字……"大家都说,什么字,李总?

艾莉说:"是闹铃。"

大家一下子没听明白。艾莉说:"小曼按掉闹钟,然后假装接电话,说了半天……"

大家愣住了。难道这个"李总"子虚乌有,小曼对着电话在自说自话?大家伙儿都有点儿"接受无能"。

稍微留意一下你就会发现,这种生活中的演员其实非常多,只是表演的程度不同。这样的人,在一般人看来,特别可笑。他们喜欢在公众场合通过各种方式来吸引别人的注意。吹嘘自己的才华,炫耀自己的身世、财富或情感生活,无不是为了获得别人的关注。

网络用语里有一个词叫"戏精",特别火,我觉得小曼这类人简直就是"戏精"本尊了。她的内心戏,足够拍部电视剧。

心理学家马斯洛称,人有五个层次的心理需要:饮食与性的生理需要、安全需要、归属需要、自尊需要、自我实现的需要。"秀"是人们满足了安全需求后，对归属感和爱的一种追求。

"秀"是现代人的通病。只要有一个手机，处处都可以成为秀场。只要吃了点儿好的，买了点儿贵的东西，去了趟外国，真是人生得意须发朋友圈啊！秀的过程和收到的回馈，都能让我们觉得自己被需要、被注视、被肯定。

普通人不是明星，没有那么多场合可以对着镜头闪闪发光，这些证明存在感的机会可是来之不易。

随便秀秀也无伤大雅，但什么事都是过犹不及，秀得太狠了就说明有问题。所谓穷人炫富，懒人装贤，很多时候，越是显摆什么，说明内心越想要什么。越是把自己生活秀得光芒四射三百六十度无死角，越是证明缺乏得还很多。

除了秀恩爱、秀有钱、秀光鲜，还有一些令人啼笑皆非的"秀"。

我有一个朋友，有一种"节日绝食症"，无论大节小节，一到过节就绝食。她点了一大桌子的菜一口都不吃，对着朋友痛哭流涕，怀念自己去世的亲人。

"一想到我妈再也吃不到，这些好吃的我一口也吃不下去，呜呜呜……"

开始大家还劝，后来次数多了，实在不知道该怎么劝了，只能默默地坐着，看着她面前很快堆起一座纸巾小山。

当然，一桌子菜谁都没动一筷子，朋友沉浸在丧母之痛中如此痛苦，你怎么好意思大快朵颐？

再后来，一到逢年过节，朋友们都不接她的电话……

大过节的，谁都不想去观赏"痛苦秀"。

很多装痛苦、装可怜的人似乎都有一种"瘾"，想方设法地创造各种机会将痛苦的情绪呈现在别人面前，这种"瘾"的本质是为了寻求关注，是对别人感情和注意力的一种要挟，将别人的焦虑和关心作为自己的安慰剂。

3

人性是非常微妙的东西，秀幸福一般能引来两种目光，一是羡慕，二是嫉妒；秀不幸也能引来两种目光，一是不屑，二是鄙视。

面对自己的闪光点，每个人都难免有小"嘚瑟"的时刻，想像孔雀一样，开开屏，显摆显摆自己漂亮的羽毛，顺便告诉一些人，我有实力，我很牛。

可是，不是谁都能为你的成功欢呼喝彩的，不是谁看你过得好都发自内心高兴的，大多数情况下，打击会接踵而至。不是因为乐极生悲，而是太高调容易引起别人的不满。

我的女同事在朋友圈里发了自拍，说大家都夸自己是团队里的颜值担当，马上就有人评论："你们团队颜值的平均分真够低的。"立刻破坏了她的好心情。

所以，没事别老将自己当成阆苑仙葩，免得招人厌烦。别人生完小孩在辛辛苦苦节食、健身，怎么减也还是胖，就你怎么吃都是魔鬼身材，这种违背常理的事别怪人家不信。就算你的幸福完美得毫无破绽，又有人会说，凭什么啊？天上就掉一个馅饼，凭什么就砸到他了呢？出于这点儿不平衡，肯定有人会憋着劲儿，就算是鸡蛋里挑骨头，也要给你的生活找出根刺来。

至于秀痛苦，更是大忌。不是谁都能对你的痛苦感同身受。过多地宣泄情绪，只会让人觉得你作为一个成年人太过脆弱，内心不稳定，难以担当大任。

我的建议就是，为人处世，没事别给自己乱加戏码，简简单单地做自己就好！

高调做事，低调做人，总是没错的。

低调不容易做到，但这恰恰是少数人胜出的法宝，如果在低调中偶尔闪耀一下光芒，彰显一下实力，往往会令人惊艳，人终究还是要靠干货为自己加分的。

如果上天没有给你九条命，那就自己给

美国著名脱口秀女王奥普拉，在为哈佛大学毕业生演讲时，说："我希望你们记得：没有失败这回事。失败只是让人生转个弯。"

这位脱口秀天后在美国影响有多大呢？据说有人问一个美国人，在美国奥巴马和奥普拉谁的影响力更大？"这还用问吗？"这个美国人耸耸肩，"奥巴马最多只干8年总统。"

奥普拉曾经在事业上二十几年不败，她的《奥普拉·温弗瑞秀》节目热播了25年，无数名人甚至总统排队，哪怕插队都想上她的节目。在她宣告退休，节目停播的前三天，美国最严肃的新闻周刊时政类杂志《时代周刊》，在刊物中哀叹：只有3天了，美国，你受得了吗？

2012年，她打造的奥普拉电视网陷入困境，奥普拉跌入了她职业生涯中最大的一次低谷。

2013年5月，她受邀为哈佛大学毕业生演讲：

我从十九岁就进入电视圈。1986年《奥普拉·温弗瑞秀》开播，创造了长达21年的收视冠军纪录，我也陶醉在这成功之中。

直到几年前，我重新检视自己，决定开创新局面，所以结束脱口秀节目，创立了奥普拉电视网。

但是一年后，几乎所有媒体都说，我的新事业是个大失败。我还记得，有天翻开《今日美国报》，就看到了"奥普拉电视网摇摇欲坠"的标题。那真是我职业生涯中最凄惨的一刻，我心力交瘁、沮丧受挫，而且难堪不已。

就在那时，福斯特校长打电话来，力邀我为今年的毕业典礼演讲。

我心想，我现在这么失意，你还要我去向哈佛的毕业生演讲？能说些什么呢？挂上电话后，我决定去冲个澡。因为不洗澡的话，我肯定会吃下一整包Oreo（奥利奥）饼干。

在浴室里，我想起了一首赞美诗《当早晨来临》，它勉励人们，困境不会是永久的，这次的难关也终将过去。于是，洗完澡，我告诉自己，一定要扭转劣势，变得更好。我一定要在一年后去哈佛，分享渡过难关的经历。

今天，我来到这里，就是要告诉大家，奥普拉电视网终于逆转胜利了！

如果你跟我一样，不断鞭策自己追求更高的目标，那么，你一定会有摔跤的时候。

但是记住：人生没有失败这回事，失败的出现，其实是为了让我们换个方向，再试试看。

当你掉入人生谷底时，痛苦是难免的。没有关系，就给自己一点时间，感叹失落吧。重要的是，你要从每次的错误中，学到教训。因为人生的每个经验、遭遇和失误，都是为了引导和鞭策你，成为一个更好的自我。之所以这样大段地引用这段演讲词，是因为这位全世界最有名、最有钱的节目主持人，拥有全美3300万电视观众的"大妈"奥普拉——9岁曾遭侵犯，14岁未婚产子，曾经酗酒吸毒，在命运的大染缸里浸泡，看不到任何重生的希望。涅槃重生后的她，对于失败的阐述，绝对是金玉良言。

无论我们喜不喜欢，能不能适应，一个变化迅速的时代正热辣辣地扑面而来。生活、事业，或是感情，生命中的各种无常变化，几乎成为生活中的一种常态。有人失恋了，有人失业了，有人破产了，有人遭遇家庭危机，有人健康出了问题……

在面对这些巨大的变化时，人与人的态度不尽相同，有些人视为天塌地陷，世界末日来临，阴影长久挥之不去，一蹶不振甚至笼罩半生，成为生命不能承受之重；有些人却能够在震惊、挫败、悲伤等情绪过后，迅速将其转变为人生的一个契机，成功逆袭，完美重生。

面临危机时，人们失去了对惯性生活的控制感，失去了安全感，此时没有人可以跳过情绪的失控期。心理学家认为，不要逃避情绪，不要试图越过，情绪是个强有力的信号，提示我们要对自我进行重新定位。

很多人在遭遇危机的时候，常常封闭自我，不愿意与他人产生联结。这样的人，在遭遇危机的时候最容易绝望。要想真正摆脱危机，我们的心灵必须是敞开的，保持心的活力，让更多的观点、事物和人进入我们的视野，这样我们才不会依赖有限的人或事，自我的世界也就不容易坍塌。

即使是像马云、王石这样的商界大鳄，都曾经经历过事业失败的重创，重新爬起来后总结道："人生的智慧，总是在受伤时成长。""没有什么比失败时，让我更能看清自己的本心。"

危机来临后，重要的不是它为什么会发生，也不是追究什么责任，而是自己从危机中学到了什么。

真正帮助一个人从危机中走出来的，是其对待危机的态度。转"危"为"机"的关键，是通过危机换一个角度看待自己，并发现更多未知的自己，以及生命的各种可能性。经历了一次危机，可能生命的格局都会发生变化，换一种眼光看待危机，它也许就会成为我们一个挖掘潜能、实现自我的机会，成为成长的动力和重生的契机。

所谓困难，只有困住了才难！而我们内心的力量以及我们生命的弹性，就是那个带领我们轻盈脱困，华丽转身的源头活水。

退一万步说，面对危机，即使你什么也做不了，至少也要保持心灵的安静平和吧？作家毕淑敏说过："怎样度过人生的低潮期？安静等待；好好睡觉；锻炼身体，无论何时好的体魄都用得着；和知心的朋友谈话，基本上不发牢骚，主要是回忆快乐的旧时光；多读书，看一些传记，增长知识，顺带还能参照别人倒霉的时候是怎么挺过去的；趁机做做家务，把平时忙碌顾不上的活儿都干完。"

一生跌宕起伏，几次三番遭遇亲情、事业、信任危机的乔布斯在给妻子的一封信中写道："光阴荏苒，孩子降生，日子过得好，过得难，但从来都不坏。我们对彼此的爱和尊敬维持至今，枝繁叶茂。"

淡然的言语之间，一颗强大而又平静的心熠熠生辉。

对待危机的态度、强大的内心力量、安静平和的心态，可以有效地消减危机的摧毁力。如果你仔细回想人生中每一个曾令你感到绝望无助的拐角，你会发现，让你生存下来的，正是你自己。

民间传说，猫有九条命，其实是赞美是它乐观的生命力。如猫一般乐活，能让我们自建安稳，并长葆幸福。

说到乐活，不仅仅是在面对顺境时，拥有追求并完成自我幸福的能力，更重要的是，在危机降临的时刻，如何拥有稳住自己之后逆袭新生的内在韧劲。

九条命不是上帝给的，是自己给自己的。

过低内耗的生活

　　我上学的时候有一个女同学，看上去特别文静，似乎对什么事情都淡淡的，不爱出风头，但是与班里的每一个同学私交都不错，包括一些很孤僻的人。人缘好并不能说明什么，她的另一个特点就是自制和坚持。大学四年，只要没有课的时候，她每天都会早上九点准时到图书馆看书，下午四点回宿舍，不过她并不是个疯狂学霸，晚上会像大多数同学一样，参加社团活动，也去夜店。她还买了一台扫描仪，兼职帮一家公司做简报，挣点外快。她成绩很好，同学喜欢她，教授们也喜欢她。临近毕业季，大家都还在点灯熬油地苦写毕业论文的时候，她已经找到了一份很理想的工作。

　　在特别容易虚度光阴的大学时光里，我最佩服的就是她管理自己生活的能力。而且，无论她领先别人多少步，她身边的人都会真心替她高兴。可能会有些羡慕，但没有嫉妒，更不会有诋毁。

　　大学期间的女生正是比较闹腾的年纪，经常可以看到有女同学抱着电话跟男朋友吵架，或是因为来不及准备考试而抓狂，有时候跟同学闹点儿小别扭，或者喜欢哪个男生犯点儿花痴……这些事情从来都没在她身上出现过。我觉得，她似乎从来都不让无聊的事占大脑内存，所以运行得非常快速。

总有这样一类人，他们不会在一些无谓的事情上特别用力，比如与他人一争长短，比如失控地发泄情绪，比如损人不利己地妒恨别人。他们的时间、心力大多都投放在能够给自己带来最大收益的事情上，其余的时间，则都用来享受生活。

就是这样的特质，让他们在人群中更容易被识别。与大多数人相比，他们显得从容、精致，工作比较出色，享有更好的生活。

我们每个人都潜藏着巨大的心理能量，如果正确使用这种能量，就能取得一番成就。如果这种心理能量没有得到正确使用，就会产生巨大的内耗，足以让人一生一事无成，并且带来很多情绪上的困顿和失意。

很多时候，想要过上简单有序的生活，最大的困扰就是遭遇心理上的"内耗"。一旦这种内耗产生，你的心就会像吵吵闹闹的火车站一样，得不到片刻安宁，每天不是为这事操心，就是为那事担忧。

"内耗"让我们在不知不觉中损耗了太多的心理能量，转移了注意力，浪费了精力，长期的内耗更会让人感到身心疲惫，无法以一个良好的状态去面对生活，尤其是在遇到困难时，就算理智要求自己专注，潜意识还是会进行自我消耗。

那么过低内耗的生活又是怎样的感觉呢？就是不管你做什么，都会感觉到如鱼得水，对生活有一种稳定的把控感，即便碰到难题，大脑也不会强迫你死盯着眼前的障碍发愁。低内耗的生活是一种良性循环，会让生活愈发趋向轻松。反之，高内耗是一个无休无止的恶性循环——你越是内耗，情绪越是低落，对自己的表现就越是不满意，接着你很快会发现自己又陷入了新的内耗之中。

当然，这种高内耗的恶性循环是可以被打破的。

低内耗的人活得轻松，并不是因为他们运气好。天寒天暖，柴米油盐，日常的琐碎和困扰一个都不会少，支撑他们淡然自若的，是他们强大的内心。目标明确、处变不惊等等这些特质都是外在的表现，他们的心是一枚坚硬的坚果，这才是他们精神的内核。有这样一种内心力量，他们不需要色厉内荏，也不屑于怨天尤人。他们展现给我们的样子，总是心无旁骛地走自己的路，因为不在繁文缛节上浪费时间，反而能够更细致地品味生活。看上去，他们像一群目光坚定的斗士，又是细腻温婉的性情中人。

想清楚为什么而活的人，自然总是有自己的理想，并且总是努力去做，这种人就是内心清晰而又强大的人，只要你愿意，你也能做到。

  对此，德国哲学家尼采说过一句非常著名的话："知道'为什么'而活的人几乎能克服一切'怎样'的问题。"

  当我们想清楚想要过什么样的生活，这种生活就是一种有意识的，经过个人选择的生活，便会体会到一种量身定制的感觉，它会将我们的生命内耗降到最低。

  所以，简单生活，不仅仅是在生活上做减法，更是在心灵上做减法。进行一次深度的自我认知和自我整合。你会自然而然地知道自己真正需要什么，生命中最重要的是什么。

  有时候活得累，内耗高，就是因为想得太多，做得太少，心一直在努力，身体却没有行动，卸下那些没用的思想包袱，轻装上阵，给自己规划一个美好的未来。

不会拒绝，就是麻烦的开端

　　因为工作性质的原因，总是有人来找我写这写那，有个在家乡电视台做记者的同学，有段时间几乎一半的采访稿都是我帮她写的，她把录音发过来，规定好时间，我就得加班加点地完成，虽然有时候开玩笑，说她的一半工资应该给我，但毕竟多年的交情，拒绝还是说不出口。

　　一个做平面设计师的朋友也有过类似遭遇，隔三岔五就有人找他："嗨，帮我设计个logo。"

　　这些找上门来的人，觉得对于设计师来说，设计个logo就是举手之劳，如果这么小的事情都拒绝帮忙简直就太不给面子了。可是换位思考一下，人家在办公室为老板服务了8小时，累得不行，回到家还得义务帮你继续服务？

　　只要是遇到他人的请求，一般情况下，摆在我们面前只有两个选项：答应或拒绝。

在这个"人情社会"中，拒绝的话很难说出口，既然人家已经开口，在力所能及的情况下，自然要帮忙。可是选择答应吧，有时自己又非常为难……

当然，在面子上，答应肯定比拒绝要好看。应承下来至少会让对方感到高兴，拒绝很可能使两个人都觉得很尴尬。

话虽如此，在答应之前你一定要好好想一想，暂时避免了当下的尴尬，你必定得承受随之而来的辛苦，这辛苦是你愿意承受的吗？

还有非常重要的一点，大多数人都有得寸进尺的毛病，这次答应了他们，下次再来求，是答应还是拒绝呢？

如果答应，实在没有精力揽下一摊子又一摊子的事儿，如果拒绝，好，连上次的情面也赔进去了。

这就是一个从一开始不会拒绝的人，越来越难以拒绝过分要求的原因。

这种交往模式，就像九连环一样，一环一环地把你套住了。

人际关系中的很多烦恼，都来自不会拒绝别人。

因为不会拒绝，很多人都陷入了不自由的生活中。

既然答了别人，就不得不做很多额外的事情，时间、精力都要不停地为"不会拒绝"而支付成本，把自己弄得很忙很累，哪还有充足的时间和闲适的心情来享受生活，照顾自己？而自身的才华、能力也可能会因此而无法正常发挥，进而影响了工作和事业。

我有一个学妹，心灵手巧，特别会做糖霜饼干，她烤出来的饼干就像艺术品一样，让人不舍得往嘴里放。

圣诞节，她送给我一小包饼干，图案竟然是我的漫画像，虽然一口一口把自己"吃了"的感觉有点儿奇怪，但饼干确实很美味。每次她在朋友圈里晒新样式的饼干，我都会买一点儿，而且都会按照价格发红包给她，毕竟做饼干很耗时间，而且也需要成本。

后来，有好久好久，我发现她都不再发饼干的图片了。问起来，她说，每天有太多的人来要饼干，都是关系很好的朋友，拒绝谁都不好，弄得她一天到晚都得在烤箱边转，什么正经事也干不了，而且烤饼干需要糖霜、奶油、泡打粉等等食材，价格都很贵，还得搭上快递费，再送下去她就要破产了，索性再也不烤饼干了。

我非常理解她，但是比较惋惜，再也吃不上美味又精致的饼干了。早知这样，真不如一开始就一点儿都不送，明码标价，能接受的就来买，接受不了的就不要来凑热闹。

像我学妹这样的人，为什么明明自己心里不乐意，还是会强忍着去答应别人？仅仅因为对方是朋友，拒绝的话说不出口吗？

通常，不愿意拒绝别人的原因是怕伤害情面，怕对方觉得自己薄情寡义，不讲义气，这是因为你对人际关系有种不安全感，生怕拒绝会伤害彼此间的关系，让朋友变得疏远，所以宁可委屈自己也不愿去承担朋友离开的风险。

以"不拒绝"来获得他人的认可，维持人际关系的良好互动，是一种弱势心理，用不停地给自己发好人卡的形式，来证明自己是有朋友的，是被接纳的。在这种自我确认的暗示下，宁愿咬牙忍痛掩藏自己的真实感受，也不愿拒绝朋友的要求，哪怕那些要求是无理的。

其实，还是自己想多了。人家哪有你认为的那么玻璃心，三毛说过，"不要害怕拒绝他人，如果自己的理由出于正当。当一个人开口提出要求的时候，他的心里已经预备好了两种答案。所以，给他任何一个其中的答案，都是意料中的。"

如果一个朋友因为被拒绝就与你绝交，那他也不是什么真正的朋友，绝交就绝交吧，难道还要留着过年吗？真正的朋友，会重新调整你们之间的关系，他会理解，你拒绝必然有自己的理由。比如我有一个开书店的朋友，一次我晚上十点半打电话给她，请她帮忙找一本旧书的时候，她就坚决拒绝了，而且三番五次地告诉我，她的睡眠质量特别差，以后千万不要在晚上十点后打电话给她，否则很可能会失眠。

从那以后，我就谨记在心，不但晚上不给她打电话，甚至连她的朋友圈都不评论，生怕扰得她一夜都睡不着。

要想赢得别人的尊重，靠的不是顺从，只有那些懂得拒绝的人，才能让别人看到你的原则和"底线"，让自己在人际关系中达到与他人的双赢。所以，永远不要为了怕得罪别人而违心地帮别人忙，甚至答应一些触犯自己"底线"的事，要学会在该拒绝的时候坚定地拒绝，否则特别容易被爱占便宜或者别有用心的人利用。

毕淑敏说得好——"拒绝是一种权利，你那么好说话，但又有谁能体谅你？"生活本就不容易，很多时候，你舍弃了自己宝贵的时间，却被那些利用你善良的人压榨，于他们而言，你所做的事都不值一提。

拒绝也是一种能力，这种能力的大小与内心是否强大的关系密不可分。也就是说，一个总是无法拒绝别人、不敢拒绝别人的人，内心一定是软弱的；相反，敢于拒绝别人的人，内心一定是强大的。

大多数时候，一个人难以拒绝别人，其实是自己无法接受让别人失望的局面，而一个内心强大的人，能够做到认同自己，接纳自己，不需要通过满足他人的方式来获得外界的肯定；一个内心强大的人，必然活得笃定从容，知道自己想要什么，知道什么事情应该排在优先首要处理的地位，懂得通过适当的拒绝来给自己留出空间，实现自身的价值，绝不会为了满足别人的要求而消耗大量的时间和心力。

希望我们每个人都做一个内心有力量的人，真诚助人、量力而行，不刻意讨好，也不一味迁就，以不卑不亢的态度与朋友交往。

第三章

时间：
学会选择性放弃，
不在无谓的事情上用力

你的未来需要一个 GPS

韩歪歪小姐的人生目标从20岁开始就特别明确，那就是嫁入豪门。不过这只是我听说的，因为我们认识的时候她已经27岁了，这个愿望还没有达成，孤身一人，却依然向着越来越远的目标翘首以待。

郭晶晶嫁霍启刚那一年，韩歪歪对我说："郭晶晶一脸旺夫相，看她的脸就知道她注定是要嫁入豪门的。这都是命啊！"她幽幽叹道。

韩歪歪最早有一份文员的工作，但是做得三心二意，在她看来，工作只是嫁人前的权宜之举，她也不指望这份工作能让她过上想要的生活。她每天在电脑前查阅资料，研究命理学，利用节假日到各处去拜佛，全国有名的寺庙几乎都去过，手腕上戴满了开过光的手串，忙得上蹿下跳的，那点儿微薄的工资都花在了路上。她觉得这些都是值得的，只要求个好命，下半辈子就能过上好日子了。

她特别不理解那些不信命的人，更不理解那些本来就没有好的命数还自暴自弃的人，她甚至直言不讳地对一个刚刚结婚的女同事说："你的人生已经失败一半了。"在她看来，这个女同事已经浪费了靠婚姻改变命运的机会，再也无法翻盘。

有段时间，她突然辞了职，找了一份卖高尔夫球杆的工作。她觉得打高尔夫的都是有钱人，卖球杆也许能接触到这些人，如此便有机会嫁入豪门。干了一阵子之后，她发现大多数买球杆的人好像也没多有钱，一气之下又辞职了，于是韩歪歪失业了。

赋闲在家，每天上网闲逛，突然发现现在的"网红"了不得，整整容、变变脸就能钓到金龟婿。"整容改变命运"，要想嫁入豪门，硬件得过关，这么简单的道理怎么早没有想到呢！韩歪歪马上忙了起来，到处搜集信息，每天坐着地铁到各大美容医院面诊，力求拿到一套最完美的整容方案，然后一举跻身美女行列。

我跟她见面的时候，她对我说："我要垫个山根。"

我问："什么意思？"

她说："就是把鼻梁弄高点儿。"并且给我科普了一番，人的五官长什么样子，与命运是相关联的，光旺夫不行，还得好看。要想兼顾这两点，就得借助医学美容。

垫了鼻梁以后，她又做了眉毛和嘴唇，做完嘴唇后，一周不能接触食物，否则就会起泡。于是，韩歪歪每天对着镜子，张大嘴巴，把面包撕成小块小心翼翼地放进嘴里，喝水就用吸管。因为这种吃饭方式太麻烦了，她每顿就吃一小点儿，即便这样仍然需要花费一两个小时。

嘴唇恢复了以后，有一天韩歪歪突然觉得肚子剧痛，疼得直哭，家人急忙把她送到医院，一检查，是因为饮食不规律得了胆囊炎，肚子上打了三个洞，做了个微创的手术。我去探望的时候，她一脸苍白，躺在床上。我叹气说："你这是何苦呢，听人劝，吃饱饭，以后别折腾了。"

她虚弱地说："我觉得一切都是值得的。"

像韩歪歪这样的人很多，折腾得上下翻滚，无非是想活成自己想要的样子。但是为什么折腾了半天，还是折腾不出想要的生活呢？因为这种折腾，没有任何方向，就像溺水的人一样在水里胡乱扑腾，耗尽了体力，也没有离岸边更近一些。

2

女孩子到底该不该树立嫁入豪门的人生理想，有待商榷，先不讨论这个，现在我们先把它当成一个普通的人生目标对待。对于这个人生目标，我一直觉得，韩歪歪最大的问题是没有为她的目标付出过任何努力。她说她一直都没有谈过恋爱，就是为了坚持等她的真命天子到来。在我看来，这种毫无作为的坚持无异于坐以待毙。

每个人都有自己的人生目标，但是光知道自己想去哪儿并不够，还得知道怎么去。

韩歪歪之所以会迷失在嫁入豪门的路上，是因为她根本不知道从她这里出去，到嫁入豪门，到底要怎么走，中间要经过几个路口，爬几个坡，涉几条河。想过好日子的愿望无可厚非，但是韩歪歪的着力点完全不对，结果反而是欲速则不达，人生梦想变成异想天开。

想嫁个有钱人，起码得让有钱人看见你吧？这个世界有大把大把的灰姑娘，你埋没在其中，王子的眼睛都挑酸了也瞧不见你啊！

梅琳达是怎么嫁给比尔·盖茨的？比尔·盖茨和梅琳达都是工作狂，两人都喜欢下班后在办公室里加班。每天，盖茨从自己的办公室窗口望出去，正好可以看见梅琳达。更值得一提的是，梅琳达曾经反馈过一条重要信息，修正了Windows的致命失误，为公司避免了重大损失。因为这些，相貌、身材都一般的梅琳达才引起了比尔·盖茨的关注。

我不知道郭晶晶的人生理想是当世界冠军还是嫁入豪门，或是其他什么的，但我总觉得，她站在3米跳台向上踮起脚尖时也垫高了自己，因此才吸引了"高富帅"的目光。换句话说，嫁入豪门只是人家成功的一个副产品。如果她的目标仅是钓个金龟婿，怎么可能会坚持泡在水里20年，在胫骨和腓骨粉碎性骨折的时候都没有放弃运动生涯？

简单，
应对复杂世界的利器

奥普拉说过："你要随身携带一个GPS（全球定位系统），你必须找对下一步。而关键就是要培养出一套道德和情感的内在导航系统，来告诉自己该往哪里走。"

用过GPS的人都知道，在出发之前，首先要设定一个明确的目标。在途中，可能会遇到各种各样的情况。急转弯的时候，要放慢速度；有大坑的地方，要小心绕过去。无论是拐弯还是绕路，终极目标都是不变的，一路的跋涉，都是为了抵达那个最终的目的地。只要你的目标是明确的，方向是正确的，GPS总能帮你到达设定的目的地。

没有方向，一切都是空谈。在物理学公式中，时间 × 速度 ＝ 路程，在人生的公式中，还要加一个变量，就是方向。我们都走在路上，如果用一样的时间、一样的速度去行走，方向却不同，结果肯定不同。方向对了的人，离目的地越来越近；方向错了的人，南辕北辙，走得越远越糟糕。

亦舒有一篇小说，讲一对闺密，一个美一个丑。美女整日忙于谈恋爱，丑女没得谈，只好把时间用在读书上。十年之后，美女成了单身妈妈，收获了一个女儿，到丑女的公司探班，看见下属殷勤地为丑女开门，不禁感叹，一个人把时间用在什么地方，最终获得什么结果清晰明了。

你把时间用在什么地方，你就会成为什么样的人。拥有六块腹肌的人，一定会把许多时间用于健身；工作总是先人一步成为行业翘楚的人，大都常常加班；而那些一出手就像开挂的游戏高手，肯定常常泡在网游里。

所谓坚持，不是无所事事地等待，也不是东一锄头西一榔头地乱闯，而是带着清晰的目标上路，怀揣着人生的GPS，去探索，去努力，不惜付出自己的时间、青春、精力，始终向着梦想的方向行进！

自由来自自律

有一部美国的公路冒险电影叫作《末路狂花》，第一次看这部电影的时候，感觉很惊艳，看到这种生死与共的女性友情，少了几分脂粉气，多了几分仗义，令人心潮澎湃。

这是两个女性在路上的故事。路易丝是一家咖啡馆的女招待，整日忙于工作的她想要来一次短途旅行，就力邀好友塞尔玛同行。两人途经阿肯色州的一个酒吧，把车停下进去休息，一个喝醉的男人邀请塞尔玛跳舞。平时孤独无聊的塞尔玛大概是想借这个机会放纵一下，不顾路易丝的劝阻，与这个男人大跳贴面舞，举止亲密，并被对方带到了停车场。追到停车场的路易丝发现男人企图强暴塞尔玛，她从包里掏出枪制止，言语冲突之下路易丝开枪打死了男人。

因为没有现场证人，缺乏正当防卫的证据，害怕被重判的路易丝和塞尔玛慌忙逃离现场。自此，原本一场周末的轻松旅程瞬间变成了一场无法回头的逃亡之旅。一路上，她们尽情发泄平时生活中累积的压抑和委屈，抢劫便利店，炸毁大卡车，把追踪者关进后备厢，与陌生人发生不可描述的事情……

最后，决心对抗到底的她们，双手紧握，微笑着，将车开进了科罗拉多大峡谷。

最初看这部电影的时候，我喜欢得不得了，觉得路易丝和塞尔玛的丝巾、墨镜、口红、绿色的雷鸟、被风吹乱的长发，全都令人心驰神往。

我羡慕那样的人生——有说走就走的勇气，有自由不羁的气质，有人生得意须尽欢，千金散尽还复来的豪情。甚至，有脑袋掉了碗大个疤的魄力！相比起来，我这种被打卡、加班、各种培训和琐碎家务以及各种乱七八糟的事务牢牢困在城市里生活的职场人，简直枯燥乏味到了极点。

一直到认识了一个朋友，典型的朋克女，装扮和思想都非常另类。说起来年纪也不算小了，一直没有稳定下来。我所说的稳定，并不是有朝九晚五的工作或者结婚买房什么的，而是她的生活，似乎没有任何规划。说起工作，她一会儿说想去野生动物园做个饲养员，一会儿又说想开个奶茶店；说起生活目标，一会儿说想去趟南极，一会儿说死后要埋在非洲坦噶尼喀湖旁边的一棵树下。总之，这些目标都与当下的生活有点儿远。

而她当下的生活，就是每天睡到自然醒，醒了呼朋唤友，在夜店里玩到半夜三更。有时候也拍个微电影，弄个行为艺术什么的，都是些"不打粮"的活儿。她的生计来源，除了啃老，就是蹭友。当时的我非常羡慕她，觉得这才是上班族永远也无法企及的自由人生。

有一天，她突然来找我，开着一辆车，让我陪她去趟天津。那天是周末，北京到天津只有两三个小时的车程，天气晴好，人又闲着，没有不去的理由。在天津吃了海鲜，买了炸糕，逛了文化街之后，她突然提出，再走得远一点儿。

我犹豫不决，她质问我："你的人生一次都没有任性过吗？你就想这样循规蹈矩到进入坟墓那天吗？听一听你内心真正的声音吧，天马行空地活一次，地球不会停转，天也不会塌……"

我脑子一热，像被灌了迷魂汤一样，跟着她一路向西，边走边玩，用了半个月的时间，竟然一直走到了青海。我们不问世事，只沉浸在任性的快乐里面，似乎这样能一直走到天的尽头。

3

这件事带来的恶劣影响不多说了，我用了好几年的时间去弥补，现在提起来都有点儿脸红。因为付出的代价太大，我开始无比认真地思索，到底什么才是真正的自由？

一个最简单的道理：自由来自自律。康德说过："自由不是你想做什么就能做什么，而是你不想做什么就能不做什么。"当一个人缺乏自律的时候，他做的事情总是受坏习惯和即时诱惑的影响，那么他永远都不会有能力去做自己内心深处真正渴望的事情。

说走就走，给自己放个假，也不是不可以，但是最低限度也应该安排好手头的事情，否则，那不是自由，是抽风。

或许有人会说，你这么想，代表你老了。可是一位作家说过这样的话，我觉得极有味道：死之前会老很久。我们的生活不是公路电影，电影只有90分钟，一个半小时的幻景幻灭了之后，你还得面对长长的一生。

不靠谱的朋友有很多种，最不靠谱的一种就是，当他们想干什么的时候，希望你能抛下一切。这种"毒草"朋友堪称剧毒，毒性立竿见影，服一剂就会让你的生活顿时人仰马翻。

每个人都有权利去按照自己的想法来生活，我们不可能改变别人的三观，但如果他的不靠谱传染给了你，对你的生活造成了不良影响，那么你就需要调整与他的距离了。

他可以疯，但你不能狂。

理性而充满热情地活着，做一个自律的人，才能活得更加有尊严，有质量，才能获得更长久、真正的自由。

延迟满足让你获得真正想要的生活

我小的时候，我妈经常说我"烧包等不到天亮"，意思是为了得到什么抓心挠肝，寝食难安，恨不得东西马上到手。

我们在生活中会发现有这样一种人，他们会为了自己的目标，安静地努力很久，他们轻易不会降低自己的期待，中途也绝不会为了消减难度或者缩短时间而退而求次，而是不懈地坚持到目标达成，以获取最大程度的满足。

这种特质，叫作延迟满足。延迟满足是一个心理学概念，指的是为了追求更大的目标，获得更大的享受而自愿延缓目前需要的满足，暂时克制自己的欲望，放弃近在咫尺的诱惑，换句话说就是人们平时所说的"忍耐"，这是一种获得长远利益的能力，与之相对的，叫作即时满足。心理学家通过研究发现，即时满足与人脑中的情绪中枢关系密切，而延迟满足则受控于抽象推理能力。因此，延迟满足往往是一个人心理成熟的表现，也是情商的重要组成部分。

　　关于"延迟满足"，有一个著名的实验。

　　20世纪60年代，美国斯坦福大学心理学教授沃尔特·米歇尔设计并实施了这个实验。研究人员找来几十名幼儿园的孩子，让他们每个人单独待在一个小房间里，房间里有一张桌子和一把椅子，桌子上的托盘里放着孩子们爱吃的棉花糖。研究人员告诉他们可以马上吃掉棉花糖，但是如果等研究人员回来时再吃，就可以再得到一颗棉花糖的奖励。他们还可以按响桌子上的铃，研究人员听到铃声后会马上进入房间。

　　对孩子们来说，这个实验颇为煎熬。有的孩子为了躲避诱惑，用手捂住眼睛，不去看棉花糖，还有一些孩子感觉很烦躁，开始做一些小动作——踢桌子，揪自己的头发，有的甚至用手去拍打棉花糖。

　　结果，大多数的孩子坚持不到3分钟就放弃了。一些孩子甚至没有按铃就直接把棉花糖吃掉了，另一些则紧盯着桌上的糖，纠结了一会儿后按响了铃。只有三分之一的孩子成功延迟了自己对棉花糖的欲望，他们等到研究人员回来兑现了奖励，差不多坚持了15分钟的时间。

　　这个实验的最初目的，是为了研究为什么有的人可以"延迟满足"，而有的人只能向欲望投降。然而，米歇尔教授后来却有了更进一步的发现，几年后他发现当年参加实验的一些孩子的学习成绩与他们小时候"延迟满足"的能力存在某种联系。当年马上按铃的孩子无论是在家里还是在学校里，都更容易出现行为上的问题，学习成绩也很差；还有他们通常难以抵抗压力，注意力不集中而且在人际交往中也容易出问题。而那些可以等上15分钟再吃糖的孩子在学习成绩上比那些马上吃糖的孩子平均高出一大截。

经过长期的、一系列的大规模实验表明——那些能够延迟满足的孩子自控能力更好，他们能够在没有外界监督的情况下适当地控制、调节自己的行为，抑制欲望带来的冲动，抵制诱惑，坚持不懈地保证目标的实现。

不要以为只有孩子经受不住糖果的诱惑，在成人世界中控制不住欲望的也大有人在。生活中散发着诱惑的欲望以及勾引你的"小糖果"比比皆是，比如有人想减肥，在某天逛街的时候路过一家奶茶店，奶茶飘香撩拨味蕾，喝还是不喝呢，算了，先喝一杯，减肥前的最后一杯；本来在年初想好每个月定存一笔钱，年底用来买基金，结果上个月逛商场时遇到一件十分中意的裙子，没控制住买了下来，既然已经超额了，不如把一双换季打折的漂亮鞋子也买了吧……欲望太多，总也实现不完，年底想想年初的计划，再看看分文未剩的储蓄卡，投资计划也就只能推到明年了，可是，天知道明年又会有些什么愿望想要实现呢？

写过一系列心理学著作的布瑞恩·特雷西说："训练自己在短时间内延迟满足感，以便在将来获得更大的回报，这种能力是实现成功的必备条件之一。"如果你不是那种天生就能够延迟满足的人，那么就要依靠后天的积极修炼了。

其实，每当我们想要调整习惯，做出大的积极的改变时，是什么在阻止着我们？是什么把你的计划打乱，让你的动力下降？是什么使你还没开始就出局了？答案是，延迟满足的对手——即时满足的需求。归根结底就是我们无法延后自己的满足感，这是一种缺乏自律和懦弱的表现。

帮助自己延迟满足感，就要抛弃旧有的一些习惯，旧习惯最后只会给你挫败感。在日常生活中养成一些新的好习惯，便能实现更多的长期目标，支撑你将满足感后延。

首先，调整自己的期待很重要。每天电视广告、时尚杂志以及其他媒体铺天盖地的讯息告诉我们，如果你要达成目标，就一定要速成，类似"30天学会英语""一周减掉10斤"……这就会导致你对结果期待太多了，但事实上，实现起来通常会非常麻烦，要耗费比预期更多的时间和精力。调整你的期待，有利于为你建立起全新的氛围，而这种有利的环境能够支撑你继续前行。

《博伽梵歌》中说："你只需行动，不需管那结果为何物；莫让行动的结果成为你的动力，也不可在你内心中存有任何无为的念头。"这句话使我们明白，有时我们无法去掌控行动的结果，但是必须去做我们要做的事情，因为那是你想做的事，而不仅仅因为那是你渴望的结果。在做一件事之前，我们都会因为未来的结果而动力十足。当开始执行的时候，集中精力于手上的工作，不要把才开始的过程就投射到未来的结局。那么即便一周后你没有达到目标，也不会泄气。你也会变得更有耐心、情绪也更加稳定。

持续关注自己的表现和行为，那么目标很快就会达成。这真的很有效，能帮我们进入到一个更好的状态，找到执行过程中的乐趣。

如果在这个过程中，内心的冲动要把你带到错误的道路上，比如减肥的你刚刚减下去几斤，这会儿却有大口大口吃鸡腿喝可乐的冲动；又或者你本该集中精力写报告，却忍不住想上网看看……那么，不如暂停一下。暂停一下，然后静一会儿。你会发现这股冲动在什么都不做的情况下，可能几秒钟或者几分钟后就消散了，然后再去想如何把事情做好以及开始行动。

也许没过多久，你那股冲动又来了，那么就不要勉强自己，好好想想如何才能避免再次陷入这种冲动，试着找到解决的办法以便下次再遇到同样的问题，然后及时回到你的轨道上来，继续前进。

延迟满足的训练如同减肥，如果控制购物欲，如同打败拖延症……一样，不能急功近利。只要开始着手进行了，那么就等于已经在开始重塑你的生活，最重要的一步已经迈出了！

拖延和高效之间，只差一个"余额不足"

　　有一次我在看一本日本作家的散文集时，他在书里提到，编辑喜欢向他约稿，他在出版界备受欢迎的一大原因是，他从不拖稿。而其他的作家，往往会在交稿期限的最后一天给编辑打电话，要求延期。

　　我看了之后，挺吃惊的，日本人不是以严谨和勤奋著称吗？原来他们也拖稿啊！看来拖稿是个世界性的问题。把这个感受说给同事，同事说，不是拖稿是世界性问题，而是拖延症是世界性问题。

　　我相信存在着这么一类人，总是由于拖延把自己搞得焦头烂额，积攒了一堆需要处理但就是不想立刻着手开始的工作；对着电脑忙了一个上午其实什么都没做，不停地浏览一大堆乱七八糟的网页。整天懊悔和苦恼，为什么控制不住自己的行为。

　　有一次我问一个好朋友，制订一个详细的计划会不会有所改善，她说："呸！我从小学的时候就制订了无数计划，要是都执行了我早就考上哈佛了。"

当我们的生活有了目标，就会自觉或不自觉地制订一个计划去实现这个目标。然而，在执行计划中经常会被其他事情所阻碍。比如，想要减肥，结果刚一天就忍不住想吃炸鸡，等回过神儿的时候发现自己已经在吃鸡腿了，然后开始内疚自责，内心十分有罪恶感，再也不想控制饮食了，结果体重秤上的数字自然是一点儿没变。想要改变一切，却又总被绊住，最后一事无成。

从小学的时候老师就整天说，好孩子要管得住自己。"管得住自己"，恐怕是天下最难的一个课题！

靠自己来克服拖延症，明显是不行的。如果一件事情没有必须完成的时间节点，恐怕拖延症患者们能拖一辈子。

拖拖拉拉，日复一日，年复一年，最后日子就混淆成了一片，每个日子都丧失了自己的名字。有的人就这样把一生，过成了冗长又失败的一天。

麻省理工学院的经济学家丹·艾瑞里做了一项实验。他找来一批大学生，将他们分为 A 班、B 班和 C 班。要求每个班的学生在 3 周内完成 3 篇论文，若过期不交，则视作 0 分。不过三个班的截止时间不同，A 班可以在 3 周后的最后一天交上所有的 3 篇论文；B 班自行安排每篇的上交时间；C 班每周末必须交一篇论文。

结果，完成情况最好的是C班，B班的成绩次之，A班的学生大都拖到最后几天才慌慌张张地赶写3篇论文，成绩自然是最差的。

因为每周都有一个"最后期限"，C班没得选，只能老老实实地完成一周一篇论文的任务，所以成绩最好。因为期限是死的，学生们无法拖延，只能逼自己快速完成。

丹·艾瑞里在他的书《怪诞行为学》中说道："每个人都有拖延症的基因，最好的面对方式就是正面自己喜欢拖沓的弱点，然后通过各种手段来让自己没有拖沓的余地，从而逼迫自己做正确的事情。"

为手头的任务限定一个必须完成的时间节点，就是抵御拖延症最好的手段之一。只有身处退无可退的绝境，拖延症患者们才能心一横，踏踏实实地完成工作。比如上面提到的日本作家，每次在写一本新书之前，都会预订一张出国旅游的机票，这是为了逼着自己不得不在旅游日期前完稿，因为机票已经买了。

我们身边的那些时间管理达人之所以干活那么快，不是他们比我们意志力更强，而是因为他们懂得对自己狠一点，给自己设置障碍，让拖延症没有发作的环境。人都是逼出来的，如果想法子把自己置入不赶紧干活就死定了的境地，工作效率自然也就提高了。

任何时间的节点都是历史长河的小阶段，我们自身也只是时间的一部分。

如果一件工作没有时间限制，人的精神就会松懈，觉得什么时候做都可以，反正时间还足够，结果一拖就拖到了最后，把自己弄得苦不堪言。

所以为了提高工作效率，我们必须把工作目标拆分成几个子目标，并且为每个子目标设定时间限制，比如在周末之前要完成什么工作，并且想办法设置一种监察机制。在周末之前，浪费的时间就像消费掉的钞票一样，一点点变少。最后，一旦意识到"余额不足"了，就会马上振奋起来，自动分泌一种"去甲肾上腺激素"，让注意力高度集中，从而提升工作的效率。

说到底，拖延症的产生还是因为缺乏自控力，不得不靠外力来控制自己。

美国个人成长权威伯恩·崔西在《最高成就》一书中提到了一些控制法则：你对人生的掌控程度越高，你就越快乐；你对人生的掌控程度越低，或是被其他事物或人控制，你越不快乐。由此可见，自控力对人生的意义！就如同我问一个朋友为什么那么喜欢开车，他说："方向盘在自己手里还是别人手里，感觉是不一样的。"提升自控力，能帮助我们战胜拖延症，驱除无力感，学会时间管理、情绪管理，就像人生的方向盘握在你自己的手里一样，一切都由你说了算，你会感觉自己更强大、目标更明确、心情更快乐。

自控力，其本质上就是我们做出选择的能力，最核心的是需要我们用理智判断，去做重要事情的能力。因此，自控需要个人清楚自己到底需要些什么，自我的长期目标是什么，然后通过延迟短期欲望不惜一切代价，去完成自己的长期目标，这就是自控力的根本所在。

所以，如果自我控制能力较弱，不妨尝试着练习，心理学家认为自我控制和肌肉力量一样，可以越练越强。

很多时候，自控力的对手就是欲望，马上就想获得快乐的及时满足感，打败了我们的长线目标。我们越是想消灭掉自己的欲望，不想让自己去想这个欲望，往往却适得其反。比如越是强调让一个人不要去想"粉红色小象"，他的脑子里越是会自动浮现粉红色小象的形象。

当有外力强制不让你想，这个欲望就越是在脑中盘旋，进而产生一种压力。而有压力的时候，往往会让人的自控能力变得更差。所以不要用一个特别宽泛的目标使自己产生压力，用小的事情来锻炼意志力，比大的目标更有用。比如每天看5页书；比如坚持准时起床……不管多小的事情，只要坚持每天做，就能提高自控力。而当你在某一方面的自控力得到提高时，你在其他方面也会更加自律。

只要你能管好自己，偶尔放纵也是可以的。在一个短时的目标达成以后，不妨给自己一点儿小奖励。经常自我奖励有利于提高自控力。这一点就充分运用了心理学中的行为塑造法，激励自己，是提高自我控制和意志力的有效策略。规定可行的目标，一旦目标达成，就给予奖励，这会使人产生成就感。奖励的形式可以多种多样，但是必须遵守一个原则：只有目标达成，才能给予奖励。

印度有个古老的故事，一个老人说："我的两个肩膀上有两匹狼。一匹黑色的，很凶恶，总让我做错的事，说错的话；一匹是白色的，总是鼓励我做最好的自己。"

有人问老人："哪一匹狼对你的影响大？"

老人回答："让我听从指挥的那匹狼。"

狼肯定是要来的，有一种力量在你心中，你才会选择听从那匹正确的狼。所以，一定要认识到，只有在今天改变自己的行为，才会在未来遇见最好的自己，否则，一切都是徒劳，这是我们提升自控能力的关键。

再怎么拼命砸门，它也变不成窗

几年前，考完驾照后，我找了一个陪练练车。一个陪练一天只带两个学员，上午一个下午一个，我是上午的那个。

为了节约时间，同时也能让双方都能多练一会儿，上午的那个练完以后，开车去指定地点接下午练车的学员，然后再由下午的那个学员开车将上午的学员送回家。于是，在这辆车上，我终于见识到了什么才是真正的"大忙人"。

根据陪练介绍，这个姑娘在外企工作，具体职务不详，我猜测大概是行政或者公关一类的岗位，因为她要处理的事务多而杂。从一上车，她就一手握着方向盘，一手拿着手机打电话。从她接手方向盘把我送到家，近一个小时的车程里，她每一分钟都在打电话。不是指导工作，就是询问进程，要不就是联系客户。

"小王，年会的流程整理好了吗，什么时候能交给我？"

"小李，客户要求走机场的VIP（贵宾）通道，你赶紧安排一下。"

简单，
应对复杂世界的利器

"李部长，合同今天能签了吗？"

……

我在后座坐着心惊肉跳的，一会儿一脚急刹车，一会儿猛打一把方向盘，我这种胆小又惜命的人，每次从车上下来都如获大赦——我还活着！我特别不明白，您真的就那么忙吗？如果真的这么忙，就先不要练车，什么时候能安排开了再说，像这样一边练车，一边工作，不但车没练好，工作也处理得三心二意。

后来，我跟一个做心理咨询师的朋友一起吃饭，对他说起这个事情来，外企的高薪真不是那么好赚的，跟我一起练车的那个姑娘，每天忙得脚打后脑勺，练个车都像开电话会议似的。

朋友详细地问了问情形，笑着说："你想过吗，她可能并没有那么忙，只是做出很忙的样子。"

这个我还真没想过，我就知道有装穷的，有装富的，没想过还有装忙的。而且，还浪费了每小时二百块的练车费，两个人下了车就各自天涯奔波，可能一辈子再也见不到的陌生人面前装忙，意义何在呢？

朋友说，正因为是装，所以在熟人面前很容易穿帮，在对她一无所知的陌生人面前表演，外人特别容易相信她是那种忙于事业的成功人士，就会有意无意地产生一种景仰之情，而这种景仰就是她所需要的。所以说，她在真实的生活中，可能不但不忙，而且很闲，不但不成功，而且很不如意。她利用陌生人的景仰之情填补她心里的那个缺失的大洞。

我问朋友，你们学心理学的心理都那么阴暗吗？

他说，我只是更了解人性而已。

后来，随着更多地接触这一类人，我渐渐地有些相信朋友的话了。我认识一个姑娘，她把微信号绑定了好多个手机应用，然后分享到朋友圈。比如，刚刚跑完了多少公里，消耗了多少卡路里；刚刚完成了几个番茄时间，做了什么什么工作。她精通时间管理，每天都会做时间记录，把排得满满当当的计划表发到朋友圈，我有时候看一眼，就会觉得跟她这种充实的人比起来，我这种虚度光阴的人已经没啥脸面活在世上了。

有一天，都晚上十一点了，我躺在被窝里刷最后一遍朋友圈，姑娘的最新朋友圈显示了出来："下班后先去运动一小时，然后回公司加班，往返的路上学习英语，加班结束回家，洗个澡又精神满满了，接着工作，加油！"

我想说，姑娘，你都不吃饭、睡觉的吗？

我也忙过，真忙起来干活像牛一样，一关上电脑恨不得两眼一闭就睡死过去，哪有时间每隔一个小时就在网上发一遍心灵鸡汤啊！

　　"装"也是一件很累的事，但就是有人宁可受这份累也要不遗余力地装。不论是把自己包装成职场女强人，还是游弋于上流社会的白富美，或者是全身都是正能量的小太阳，都是因为在潜意识里觉得自己很弱，自己不行，对自己的能力没有信心。说难听点儿，我觉得这种"装"就是一种心理上的自慰。

　　追求上进是好事，用错了方法却会得不偿失。就像你再怎么拼命砸门，它也只是门而已，永远不可能变成机会之窗。

　　有个朋友不同意我这个观点，他说无论你成不成功，也要装着已经成功了，这叫"人设"。有了这种人设，才能更好地与外界置换资源，获得认可，也许就能得到破门而入的机会呢！

　　我认为，相信自己会成功和伪装成功绝对不是一码事。

　　好莱坞喜剧巨星金·凯瑞有一个故事。1990年，金·凯瑞已经在好莱坞打拼了10年，还是一个默默无闻的小演员。失意的他给自己开了一张1000万的支票，兑现时间是5年后。然后，通过这张支票，金·凯瑞给自己植入了一个信念：我一定会成功。4年后，他以《变相怪杰》一片一举成名，成为好莱坞片酬最高的喜剧明星之一。

　　相信自己会成功，就是像成功者一样思考、一样做事，努力去提升到一个新的格局和视野。

　　装作自己很成功，就是每天搜肠刮肚地编故事、造人设，不仅浪费了大好时光，夜深人静之时，还必然会感到深深的失落，不能为自己增添一点儿正能量。

　　我们想要什么，就全力以赴去追求，不要把简单的事情复杂化，不要无端地增加那么多枝枝蔓蔓。鲁迅先生曾说过："面具戴太久，就会长到脸上，再想揭下来，除非伤筋动骨扒皮。"骗的是别人，伤害的却是自己，真的是得不偿失。

只做那些对自己重要的事情

　　我曾经有一段时间，身心压力很大，心情非常焦灼，即使是躺在床上，大脑里也像有个小飞轮，嗖嗖地快速旋转，想着没完成的工作，想着明天的安排，想着解决不了的难题……越想越焦虑，越焦虑就越睡不着，明明身体已经极度疲乏了，意识却还非常清醒。没有什么比躺在伸手不见五指的黑夜里，感觉自己的注意力被焦虑一点点地吞噬更糟糕的了。好不容易睡着了，睡得也不安稳，第二天早晨又在极度困倦中挣扎着起床。

　　虽然身体已经很想休息了，但情绪依然影响着身体，不能完全放松下来，疲倦的生理状态反过来让情绪更加糟糕，陷入恶性循环的大泥淖。

　　苦不堪言地过了一段日子以后，我感觉自己的健康出了问题，隔三岔五地出现剧烈头疼。我开始考虑怎么应对这种状况，到底是什么让我如此紧张，是工作强度还是难度？

盘点了手里的事，我发现每一桩都不是特别难，也不是特别辛苦，但是堆积在一起就让人压力倍增。那几个月，总想着同时兼顾很多事情，每周要参加两次培训班的学习，要准备一个职业资格考试，要上班，要帮朋友写文案，要装修新买的房子，总之就是想在年底之前把一切统统搞定。有一天觉得自己实在太紧张了，索性跑出去打了半天麻将，结果一下午都在输。因为心不在焉，脑子根本就没在麻将上，工作也没干，玩儿也没玩儿好，心情更加沮丧。

就是这样越忙碌越没有效率，越没有效率越自责，总想着蜡烛两头烧，试图全面成功的结果最终全面崩溃。

大多数人难以放松下来都是因为这种情况，生活工作两头挑，需要兼顾的事太多，顾东难顾西，按下葫芦浮起瓢，结果哪件事都没做好，最后还累得半死。

有一个词现在特别流行，叫作人生赢家。在电视上看到一个女明星参加综艺节目，主持人说："你有一对可爱的孩子，有帅气的老公，又被封了影后，可真是实打实的人生赢家啊！"

像女明星那样，爱情、事业、家庭，样样都有，人生就像花团锦簇的"大丰收"一样，什么都不缺，这就是所谓的人生赢家。

想要当人生赢家，这肯定没错，但想要在人生的任何阶段兼顾所有，否则就认为是人生输家了，那肯定是错的。人就是这样，有时会把自己想象得太过高能，胡子眉毛一把抓，什么都不想放。有一个女作家说，她经常是一边做家务，一边就把美妙的小说写出来了。她说的也许是真的，但也有一种可能，那就是一边写小说一边惦记着厨房里的汤，最后小说没写好，锅也糊了。

畅销书作家吴淡如在《时间管理幸福学》书中写道：人生需要懂得取舍，梦想要逐步完成，"五子登科"慢慢来，才不会在达成人生目标的同时把自己逼疯了。

最好的状态是，什么赢家输家的，不要胡思乱想，认定一件事情，先做了再说。不要用什么冠冕堂皇的理由，去追求幻想中的"生活与工作的完美平衡"。

简单生活的核心，就是剔除可有可无的选择，把能量聚焦在我们想做的事情上。

"在适当的时间专注地做一件事"这是一种投入生活的态度，这种投入会让你体验到生命的能量与热情。

有一个故事，被很多人引用过：有一个老和尚带着小和尚在寺中修行。小和尚跟着老和尚修行已经好几年了，常常听到大家口中说"禅"这个字，却不明白究竟什么是禅。一次，吃饭的时候，小和尚终于忍不住问老和尚："师父，你们常常说禅，到底什么是禅啊？"老和尚看了小和尚一眼，什么话也没说。到了晚上睡觉的时候，小和尚又忍不住问："师父，到底什么是禅啊？"这一次，老和尚轻轻地摸着小和尚的头，闭着眼睛对小和尚说："饥来吃饭，困来眠，这就是禅！"

"饥来吃饭，困来眠"，这句话确实禅意十足，每个人都有不同理解，我把它理解为一心一意地活在当下，全情投入做该做的事，自然而然地去生活。

用庄子的话来说，就是"凝神于心，用志不分"。心上没那么多分神的事情，专心地对待自己要做的事儿，做不好才怪！

同时做很多事情，意味着不停地被干扰，又不得不无休止地解决这些干扰。

因为这种"多任务处理"，人们的注意力会被无数的事情分散，对自己手头的工作一拖再拖。别说一心一意地做事了，就连三心二意都做不到，压根儿就是"十心九意"的状态。

现代社会，"多任务处理"还渗透到生活的方方面面，在餐厅吃饭，刷微信朋友圈、吃饭、与同桌的人聊天，这些事都可以同时进行；在地铁里乘车，手里拿着PSP（掌上游戏机）打游戏，耳朵里塞着耳机听音乐，偶尔还接个电话。

这种"多任务处理"，缺乏必要的专注与深度思考，因为注意力被持续分散，瓜分成无数碎片，缺乏耐心与意志，结果造成我们工作效率低下，成果马虎粗糙，纰漏增多。

这不是一个人的问题，几乎成了这个时代的集体困扰。有人针对这个问题专门研究过解决方案，比如发明了安装在电脑上的软件，定时就把网络自动断掉，还发明了安装在手机上的应用，把工作时间分割成一个又一个的25分钟，帮助人们至少维持25分钟的专注力。

这些通过外力强迫自己保持专注的方法，说起来都是治标不治本的，只有自己真正地对一件事情保有持久的兴趣，发自内心地投入时间、精力和热情，才能达到100%的专注。梨园行里有一句话叫"不疯魔，不成活"，说的就是这种因专注投入而引发的质变。

著名的职业规划师古典写过一本书叫《拆掉思维里的墙》，书中说："当你真正完全投入到当下的事情中去时，不管这个事情多么简单卑微，你都能感受到无穷的乐趣。任何一个瑜伽教练都会告诉你，即使认真地投入你的呼吸——这个每天你做过无数次的事情——都能感受到无穷的乐趣。"

又有人说，我全身心地投入做每一件事，也能感受到其中的乐趣，为什么还是一事无成呢？

这是因为能量被分散了，任何一种努力都收效甚微。我们将注意力分散在不同的事情上，那么分到每件事情上的精力就会被分散和减弱，什么事也完成不好。专注地做每一件事没错，但你不可能做齐你想到的每一件事，如果能将其中的任何一件坚持下去，人生都可能因此而变得不同。

　　想在一年中学会两门外语再修一门专业课程，想在年底把业绩做到全公司第一，又想同时读完30本名著，就像狗熊掰苞米一样，累得半死最后还是两手空空、样样稀松。

　　改变"多任务处理"的对策当然是去繁从简。专注不仅仅是把自己钉在椅子上一个又一个的25分钟，还应该是对目标的专一和明确，在自己最热爱，认为最重要的事情上投入精力。

　　自然而然地生活，专注地沉下心把一件事做好，这是一种特别强大的力量，能将一个人的潜力发挥到极致。专注会让生命变得更有质感，并带来超高的效率。一旦学会专注，你会惊讶于过去纠缠了那么久却又举步维艰的窘境，如今运用专注带来的执行力可以轻松解决了，比我们所想要简单得多，而收获和成就感却很大很大。

第四章

关系：
学会对关系断舍离，
把一些人请出生命里

我太孤独了，因为朋友太多

刷微信朋友圈，看见很多朋友今天晒自己参加Party（聚会），明天和朋友聚会，后天又组团出去旅游，有时候会不自觉地羡慕，这样花团锦簇的生活，每天身边围绕着这么多朋友，他们应该不会有感到孤独的时候吧？

可是也总有人说，如果想约个饭局，手机里随时都能叫出来一群人，但还是会觉得很孤独；朋友虽多，却没有可以聊天的知心人。这样的人是不是无病呻吟？明明那么多朋友，却还在抱怨自己孤单？

心理学家说，现代社会有一种现象，叫作"在一起孤单"。《红楼梦》里的林黛玉就是典型的这种情况，富贵的大观园里喧嚣热闹，姐姐妹妹们经常聚在一起作诗、赏花、吃吃喝喝，但是这份热闹却从来不属于林黛玉，她时时小心，处处谨慎，生怕说错做错，很少对人敞开心扉，只能独自一人在繁华热闹中忍受孤独。

为什么身边朋友那么多，天天聚在一起，却还会感到孤独呢？

有些人会觉得身边朋友的数量虽然多，但都不是自己想要的类型，都跟自己的要求有差距。又或者说，我们可能把陪伴的标准设置得太高，所以会在人群中感到孤独，这种孤独不是来自现实环境，而是源自内心认同和归属感的缺失。

近些年，随着社交软件的增多，心理学家对个人的孤独感与社交网络之间的关系，做了认真的研究。结论是，一个人朋友数量的多少，跟是否感到孤独之间的关联性很小，也就是说，我们不一定会因为朋友很多就不孤独了，有时候，朋友越多，反而孤独感越强。

人类社会学家邓巴发现，人们能够维持的稳定社交人数，通常在一百五十人左右，超出这个数字就会引发自身的认知焦虑。我们朋友圈里的好友人数，或许远超过这个数字，但这些朋友的联系是真正的交往吗？

在社交软件的帮助下，人与人之间的联系变得越来越容易，真正做到了"天涯若比邻"，孤独却变成了越来越难以解决的问题，人们也越来越受不了独处，在热闹的朋友圈中，孤独被无限放大，转而更多地去增强与他人的联系，结果反而加深了内心的焦虑，形成了一种恶性循环。"有人陪"不再是个问题，但找一个懂自己的人，似乎变得越来越难了。随着我们的孤独感越来越强，再多的朋友，也无法满足我们对缓解孤独的渴望，我们开始宁愿拥有两三个知己，也不愿呼朋唤友，结交一群泛泛之交。

朋友易得，知己难求。就像我和我的朋友航航，很多人都不明白，完全是两条道上的火车的我俩怎么就成了闺密。我喜欢长裙她喜欢牛仔裤；我喜欢吃甜她喜欢吃辣；我半辈子留长发，她短发一万年不变；我天天赖床，她早睡早起……但我们还是成了闺密。

对于我来说，航航是这个世界上能让我安心的存在。只要有她在，我就不用担心想说话的时候没人听，也不用担心声情并茂说了半天是在对牛弹琴。每次郁闷得活不下去的时候，我就去航航的小窝，趴在她家吧台上喝一杯，航航也趴着，长睫毛在烛光下忽闪忽闪的。秉烛夜谈的福分，也不是人人都能有的。天亮以后，我又可以神清气爽地背着大包出门去，痛并彪悍着……

人与人的交往就是这样，与我们关系比较密切的，都是能够建立起情感关联的人。所以我很幸运能拥有航航做我的闺密，如果你身边也有像航航这样的朋友，那真的要恭喜了。他们可能不是那种浑身充满正能量，插个灯泡就能亮的励志性人物，他们可能不会激励你，鼓舞你，给你打气加油，帮你冲锋陷阵，但是他们一定会给你一种感觉，当你需要时，他在！无论是你大醉后拎着啤酒瓶子去他的家，还是半夜三更打电话扰他的清梦，他都会默默地陪伴着你，耐心地倾听，他们不一定能给你提供什么锦囊妙计。

要知道，我们的舒适感主要来自负面情绪的消失，当我们的心安静了，情绪平和了，自己就知道该怎么办了。

这也是他们在朋友圈中拥有五颗星超高人气指数的原因。他们似乎也没有为谁肝脑涂地，但身边总是会围着一大群忠实死党。所谓相交满天下，知己有几人？人们看重的是这个"相知"，甚至会超过帮你打架、借钱给你、生病的时候照顾你的恩情……

这种挚友，就是有意义的人际关系，让我们不再孤单。与其耗费时间与精力与很多人交往，不如给朋友圈做做减法，简化一下自己的人际关系，用心地经营几段有质量、有意义的友谊。

那么要怎么才能得到这样的知心挚友呢？

我觉得我与航航的关系越来越近，得益于一次次倾心长谈中的敞开心扉。我们互诉着彼此生活中遇到的困扰，不惮于暴露自己脆弱的一面，当然也分享成功的快乐。

心理学家发现，友谊中最基础的因素，来源于彼此真诚地自我表露，如果在互动中，双方坦诚地表露一些关于自己的信息，我们才会得到一种自己的需求也被满足的感觉，这种满足会有效地击退孤独感。获取这种感觉并不是让人去揭露隐私，分享不该说的秘密，只要每次互动，多了解彼此一些就足够了。

有意义的互动，来自双方的相互理解。而理解不能强求，是要通过不断地了解和表露去交换达成。所以，就算一个人朋友很多，但彼此间的交往都是蜻蜓点水，大家都只对对方了解一点点，虽然整天吃喝玩乐都在一起，并没有进一步了解彼此的生活、爱好、性格特点的话，孤独感就很容易滋生。反过来说，就算只有一两个朋友，但彼此间有很深度的理解，对各自的生活了解得也比较深入，自然而然地就能建立起一种情感支持系统，有很深的认同和归属感，就不太容易感到孤独。

所以如果我们遭遇到很深很深的孤独感时，不要再急于去结交新的朋友了。你要明白，孤不孤独跟朋友多少没有直接关系，与有没有发生有意义的互动才有关系。再回头审视自己，你是怎么去对待每一次朋友间的沟通的，如果对人很高冷，在互动中你反应很迟钝、乏味，或者总是喋喋不休地跟别人分享自己的情况，不注意倾听对方的回馈，还是负能量满满，总有很多牢骚抱怨，再或者不注重对方的理解能力，总是说一些人家听不懂的话……所以你会觉得很孤独。

这种"在一起还孤独"的问题，只有一种解决办法，那就是要不断地提醒自己，善意地去了解别人，多问问别人的情况，以及分享自己的事情，减少自己想要隐藏的心态，主动地去创造有意义的互动。想要不孤独，先要敞开自己的心扉。

认识多少人没有意义，能号召多少人才有意义

随着网络、通信技术越来越发达，比起几十年前，现在我们有机会认识更多的人。副作用是，越来越多的现代人，在错综复杂的人际关系里，呈现的状态是，浅层交往成为常态。对很多人来说，我们在社交场合见过几面，说了几句话，留过电话号码，或者在一个群里聊过天，就算是认识了。

就有这样一个姑娘，曾经给我炫耀过一份"牛人通讯录"，都是一些名字如雷贯耳的大咖的手机号。可是没有真正的交情，就算是有这样一份通讯录又能怎么样呢，打电话过去，人家该不理还是不理。

曾经看一个名人的脱口秀节目，他说他的手机里存了几千个号码，但是大多数的人，无论怎么备注，都想不起来对方是谁。

理财畅销书中有这样一个观点：再穷也要站在富人堆里。并不是说这个观点不对，多接触富人，学习富人身上优秀的品质，肯定

是有好处的。在这个商业社会里，即使成不了大富豪，我们至少也应该立志成为一个中产阶级，成为一个有恒产者。但是什么事情都是过犹不及，如果看不到人家身上成功者的特质，只看到人家头上金光闪闪的光环，不停地刻意"认识"各类牛人，想要剑走偏锋，蹭名人流量，恐怕并不现实。

有一次，一个朋友给我推荐了一个做美容顾问的姑娘，帮助我进行皮肤护理，实际上就是向我推销化妆品。这个姑娘的朋友圈更是让我大开眼界，她每天也是忙得不亦乐乎，忙什么呢？忙着参加各种高大上的活动。今天去游轮上参加一个酒会；明天去五星大酒店参加一个派对……在网上晒的，都是与各界名人的合照，再不济也是名人站在台上发言的照片。

据她说，这些名人都是她的客户，她的产品使用者。每次看完她的微信朋友圈我都有点儿自惭形秽，她每天忙着给这些人服务，都是不差钱的主儿，还看得上从我这儿赚的这点儿蝇头小利，三番五次上门让我试用她的产品，真有点儿受宠若惊了。

巧的是，她朋友圈中的那些名人里，有一个我也认识，这也再一次验证了六度分隔理论——世界上每两个人之间只隔着六个人的距离。这个名人早年是一家时尚杂志的主编，近两年热衷于当选秀节目的评委，她皮肤非常好，是个疯狂的护肤达人。有一次我特意问她，你在用某某牌子的产品吗？是某某卖给你的？她说，什么牌子？没听说过，某某是谁？

看看，虚假的招数早晚都会穿帮。

　　从一个人成长的角度来说，我觉得这种把个人提升的重心，放在发展人脉上的做法，真的是弊大于利。

　　盲目地拓展人脉、出入各种社交场合、加入各种微信群聊的意义真心不大，其效果微乎其微，顶天了就是人家心情好的时候给你点个赞，这样浪费自己的精力，真不如集中时间和精力让自己成长起来更有效。

　　作家周国平说过："真正的友谊是不喧嚣的。根据我的经验，真正的好朋友也不像社交健儿那样频繁相聚。"人际关系当中，当然每个人都想跟资源更多的那个人交往，建立良好的关系，但是你要扪心自问，人家为什么要跟你交往呢？你是让人家敬佩敬仰了？还是你有人家需要的东西？抑或是你言语有趣，面目可喜，人家觉得你这个人还算有意思？

　　总而言之，你对人家来说，总得有点儿交往的价值吧。假设你有机会跟比尔·盖茨一起吃饭，如果你身上没有一点儿让人感兴趣的东西，人家顶多也就是出于礼貌对你点头微笑，对你又有什么实惠的好处呢？

　　所以，决定你有效人脉的不是你交际范围有多广，而是你自身的实力水平有多高。我曾经在"知乎"上看到这样一句话：你认识多少人没有意义，能号召多少人才有意义。这让我想起《水浒传》里的宋江，宋江可真称得上是一个相识满天下的人，而且他的人际关系也是非常牢靠的，哪个英雄听到他的大名都是纳头便拜，个个都愿意为他肝脑涂地。

宋江经营人际关系，眼光并不总是往上看，也经常往下看，他在江湖上号称"及时雨"，常常拿出真金白银来为人救急，而这些人大多数都不如他。他的仗义疏财没有白疏，为他日后当上梁山泊的头领奠定了坚实的基础。在这一点上，女生应该向男生多学习，男人做事往往更加实际，目的更明确，这为他们节约了很多成本，少走了很多弯路，就像宋江，他在人际关系上的付出是有回报的。

由此可见，做一个忙忙碌碌的"交际达人"是多么无意义，苦心制造的虚假人脉是多么一文不值。热衷于那些没效果的应酬，实际上是在浪费自己的青春。

如果你的朋友圈里恰巧有这样一个人，你打算怎么办呢？我是这样做的：

首先，有句网络用语叫"人艰不拆"，我肯定不去拆穿对方，无端招人恨干吗呢？就像对那个卖化妆品的姑娘，我肯定不会说"我问过你的某个客户了，对方说根本没用过你的护肤品，也不认识你"，我只是会微笑着说，"亲，不好意思哦，你家产品好像不太适合我的肤质。"这是每个正常成年人都该有的情商。

　　其次，冷处理，把她晾在那，这样的人，基本可以无视。你有时间演，我没时间看。

　　希望我们每个人，都不要把自己置于这样尴尬的境地，把宝贵的时间和精力，投入到真正值得的事情上去。

　　人际关系的真谛，便是你确有值得别人与你交往的价值，如果没有，或者是你的价值跟人家的严重不等值，那么我劝你死了跟这人保持紧密联系的心。与其把时间花在"认识很多牛人"这种无聊之举上，还不如花时间来考虑如何把自己变成牛人。

线下 1 个好友，胜过 100 个"点赞之交"

有一天，闺密急急忙忙地给我打了个电话，宣布爱上了她的健身教练。当时她在练什么"身心平衡"，就是把身体扭来扭去，做一些在我看来是不可思议的动作。

在健身会所里，学员与教练相恋的事情根本就不新鲜。

我问我这个相亲无数，眼高于顶，患有轻微洁癖，从来都不挤地铁，在电梯间里也要注意不与陌生人衣衫相触的闺密："你为什么会爱上他?

她嬉皮笑脸地说，当他用手托住我的腰的那一刻，抬头看着他的眼睛，我怦然心动，也许这就是缘分吧!

人们喜欢把这种事称为"缘分"，认为它可遇不可求，可这不是什么理性的态度。对于深谙心理学的人来说，缘分是可以DIY（自己动手创造）的。爱情也许并不是一个单翼的天使寻找另一个，也不像速配节目里那样成为一场外貌、钱财和才艺的PK。有时候，两个人走到一起只是因为距离比较近，物理距离左右了我们的心理距离。因为相近，所以相爱。

我的闺密没有想过，她之所以会飞快地爱上这个健身教练，有两个前提条件是很关键的：一个是狭小空间里的单独相处；另一个是频繁的身体接触。同样，这也是健身房成为艳遇高发地的两大主要原因。

人类的大部分需求，都可以自己独力解决，但是皮肤的需求无法自给自足，正如只有别人的轻抚才会痒痒——上帝的这一设计意图，就是要让人们相互需要。弯曲双臂抱着自己的肩膀，只会感觉更加孤单，只有别人的怀抱才能带来抚慰。

美学大师蒋勋在"身体美学"的讲座中，用"荒凉"这个词来形容没有拥抱的身体。

当教练温热的手掌扶在她因为穿着半身瑜伽服而裸露在空气中的纤腰上时，皮肤与皮肤直接相触，对方的温度直接传递到她的身体上，荒凉了太久的身体被感动了，心也随之感动了。

确实，还有什么比手心的温度更能抚慰心灵，治愈情殇的呢？

在远古时代，身体间的触摸是一种通用的交流语言，那时候的人没有太多的话，更多的是肢体上的接触与交流，没有什么比身体更加能够表明个人的心意。后来随着人类社会的文明程度越来越高，人们的心理安全领地逐渐扩大，人类之间的亲密肢体接触也越来越少，即使是父母妻儿、兄弟姐妹也不例外。

前几天，我在冯唐的公众号里看到一篇文章，他说他在新小说的发布会上，问到场的500多个俊男靓女，在过去的一周，有谁用自己大面积的皮肤接触过另外一个人，同性和异性都算。500多个人里只有5个人举手。他再问，在过去的一周，有谁用自己大面积的皮肤接触过植物或者动物，这次只有两个人举手。

即使心理学家们言之凿凿地一再强调亲密接触和物理距离在人际关系中的重要性，现代人表达友情的媒介还是越来越多地被其他东西取代，比如手机、电脑、iPad（平板电脑），等等。这些基于网络的电子产品，使人们无须见面就能完成沟通。即使在见面的时候，很多人也无法克制对电子产品的依赖，坐一个小时的车穿过半个城市去参加一个婚礼，宾客满座却在开席之前集体低头摆弄自己的手机。至于宁可一个晚上都在摸iPad，也不愿意去摸摸身边人的情况，就更常见了。

冯唐说，皮肤是人体最大的器官，肉身是上天给我们的最直接、最丰富的喜乐来源。

很多时候，道理与语言都苍白得像无人的雪原，敌不过一个深深的拥抱。我们的双手、身体本身就具有疗愈性，每一次的抚摸或拥抱，其实都是两颗心在能量层面的连接，都反映了我们在潜意识中怎样看待这段关系，这个人在我们的生命中到底占据多重的分量。有时候，身体的触摸远胜于"我爱你"这样的字句！

我们不能说身体的亲密接触就一定能建立起某种关系，也不能说物理距离能够决定心理距离，但是心理距离常常被物理距离所牵制，这是毋庸置疑的。比如，几乎每个人心里都有一个"同桌的你"或"睡在上铺的兄弟"，而在一个教室里同样生活好几年的另一个哪怕只相隔几排的同学，多年以后在毕业照上看到，你未必还记得他们的名字。人们和自己附近的人成为朋友、恋人的概率比远距离的人的确大很多。想一想，有多少人是因为相近而成为好友，又有多少朋友因为空间距离的拉大而逐渐疏远？这也是异地恋成功率不高的主要原因之一。

从出生的那一刻起，所有的哺乳动物就有被触摸的需求。亲密接触的重要性，将影响生命的整个发展过程。

如果一个人从小就缺乏抚养者的亲吻、抚摸和拥抱，极容易形成封闭的内向性格，缺乏安全感，甚至会难以与外部世界建立连接，在接纳与表达爱方面也会有困难，这也会影响成年后的婚姻关系。但是他们内心又会有一种潜在的深刻的对被爱、被关心、被抚慰的渴求，有些人一直到成年都会抱着被子、枕头或者毛绒玩具睡觉。

即使是感情不太外露的英国人，谚语中也有"每天需要三个拥抱才能活下去，另外三个拥抱才能容光焕发"的说法，美国科学家更是认为身体接触有神奇的作用，他们发现，按摩、拥抱、牵手等肢体接触不但能使人心情好，还有助于养护心脏、降低血压、缓解疼痛，从而有益于健康。

看来在这方面，我们人类没有自己想象得那么强大，名牌时装下面依然包裹着一颗渴望抚慰的灵魂，靠电子设备维持的社交，会让我们的身心很受伤……别那么吝惜自己手心的温度，与其每天忙着给很多人点赞，忙着只言片语的评论和回复，不如着力发展"少而深"的深度人际关系，线下的一个可以在深夜促膝长谈的知心好友，胜过线上的100个点赞之交。

多见见朋友，别让你们的距离总是隔着液晶屏，在他们需要的时候握住他们的手，把肩膀借给他们用用。多抱抱爱人、家人，慢慢地你会发现这是一件既利人又利己的事情。

碎了一地的玻璃心，扎伤的却是自己的脚心

一天半夜，睡得正香，一位女性朋友的电话将我从梦中叫醒，说她焦虑得睡不着，因为第二天要考驾照的路考。为了驾照这种考试而紧张得睡不着，我觉得有点儿没必要，迷迷糊糊地劝她："考不过就补考嘛，有什么大不了的，我考了三次呢。"

她执拗地说："我就想一次考过，不想补考，我明天必须通过考试。"

我说："考试是一种筛选，只有两种结果，'考过'和'考不过'，你要求必须通过，这是一种不合理的绝对化要求，你明知道这是不可能的，还抱着这个信念不撒手，所以才会焦虑。"

女友说："关键是我的教练特别重视我，他说我在几个学员里学得是最好的，肯定能一次考过，我担心明天考不过，让他失望，怎么办怎么办，我明天必须考过……"然后她哼哼唧唧地假装哭了起来。

我明白了，她陷入这种情绪困扰中，不是因为担心考试，而是担心驾校教练对她的看法。第二天我打电话问她考试结果，她说一上车就状况百出，先是把"请求起动"说成"请求起飞"，又忘了系安全带，结果被赶下车。在这种极度紧张的情绪中，发挥失常倒是正常的。让我诧异的并不是这个，而是她做出的决定，她觉得无法面对教练，决定放弃这次考试，这辈子都不考驾照了！她这个决定在一般人看来简直就是精神病患者做出来的，当然她自己不这么认为。

过了段时间，一个周末，我俩约一起逛街，不巧的是她被临时通知要加半天班，我就到她公司楼下的咖啡馆里等她。午饭时候，她出来了，面若冰霜，小脸板得跟僵尸似的。

我问："怎么了？"

她愤愤地说："今天老板办公室的饮水机坏了，到我们办公室接水，刚好我在加班，他连看都没看我一眼，接了水就走了。"

我有点儿没听懂："不然呢？"

她说："起码他应该到我桌子前站一站，说两句话，我辛辛苦苦加班还不是为他赚钱！前段时间他还发微信说一向很重视我，就是这么重视的，视我如空气？"

我把蛋糕盘子推到她手边，劝她消消气，吃点儿好吃的就开心了，她一把推开，气呼呼地说："不吃，胃疼！"

因为没有被多看一眼而气得胃疼，这样的人，在社会里并不少见。把自我认同感很大一部分寄托在他人身上，自己的快乐和不快乐、高兴和不高兴总是来源于别人对自己的看法，这种心态最大的恶果就是，做不了自己情绪的主人。我的悲喜本应由我自己做主，如果让别人主宰了自己的悲喜，就如同一个风筝，因别人手里的绳索而升降起落，直到筋疲力尽。

其实，没有人能够左右你的情绪，除了你自己。林黛玉对花伤心，对月伤怀，花和月本身不能使人抑郁，如果你抑郁，那是因为你自己的反应。我们常说"你真伤我的心"，其实更确切的表达应该是："我伤了我自己的心，因为我是根据你的态度看自己的。"

老板没有过来与伏案工作的你寒暄，可能是害怕打扰你工作，也可能是他手头有事情，办公室里有客人在等他，也可能是他今天心情不好，完全不想多说话……如果非要理解成他不重视你，甚至是轻视你，明眼人都能看得出，其实是你自己的心态有问题。

别人无意的一个举动，你的玻璃心，就碎成了玻璃碴。这样的人看上去自尊心很强，自我意识很强，实际上并没有多少的自我存在，因为他的自我完全取决了"他人的视线"。由于缺乏肯定自己的信心，内心深处有自卑感，才会一直试图确认自我的价值，时时、事事渴望别人的认可，爱情如是，事业如是，生活亦如是，在对方的标准里做不到最好的时候，就会质疑自己的价值，进而产生内心的痛苦。

在人际关系中，这样的人往往更加趋向于取悦别人，而忽略自己的感受，甚至不惜委屈自己。别人一个赞许的眼神就能让他窃喜，别人一句负面的评价就会让他情绪低落，一颗心整天像坐在跷跷板上一样上来下去，完全失去平衡，活得累不累？

一颗过于脆弱的"玻璃心"，如果不能被及时剔除，对生活的影响还是挺大的。总会有这样一些人，觉得自己活得很认真、很用力、够努力、够上进，也用心地去经营人际关系，甚至活得有点儿小心翼翼，但是人际关系却并不太好，自我满意度也不高，总是不开心，有时甚至会鬼使神差地做一些违心的事情，感觉就像是无谓的牺牲，得不偿失，心里委屈得不行，又没人理解他的心情。

其实，"玻璃心"最大的问题，那就是缺乏自信，需要在别人身上获得自我认同感，做不到在平衡的人际关系中先取悦自己再取悦别人。

有首诗是这样写的："做天难做四月天，蚕要温和麦要寒。卖菜哥哥要落雨，采桑娘子要晴干。"每个人都有自己不同的需求，每个人都有自己看问题的角度，再怎么八面玲珑的人，也不可能在人际关系中做到可以令每个人都满意。所以，越是刻意地去取悦别人，越是在意别人的观感，越会对自己没有信心；越在意别人怎么想，越容易使自己的缺点变成心理负担。

每天面对着十目所视、十手所指的压力，总觉得别人时时刻刻都在注意自己的短板或疏失，这会使一个人变得裹足不前，失去积极主动的热情和活力，失去伸展自我的机会。更严重的是，过分在意别人的评价，不仅可能会为了求得别人的认可而做出错误的决定，也会在别人的口诛笔伐中溃不成军。

所以，与其整天想着别人眼中的自己是什么样的，不如花点儿工夫去关注自己的内心，多一点自我肯定，让自己变成自己希望的样子。

之前提到的那个"因为没有被老板多看一眼而气到胃痛"的朋友，听到"自我肯定"这个词后，非常困惑地说："你的意思就是说，要给自己树立一个信念，别人爱咋想就咋想，我就这样！这不是二皮脸吗？"

自我肯定并不等于破罐子破摔，也不是目空一切的自恋。人贵有自知之明，说起自知之明，大家似乎都更倾向于这样理解：能掂量出自己有几斤几两，不狂妄自大。我觉得，自知之明就是了解自己，既清楚自己的优势，也接纳自己的缺点。只有这样，才能在人际交往中进退有度，既不会让别人的看法轻易影响到自己，也不会成为油盐不进、三个月也腌不透的"二皮脸"。

台湾作家林清玄说："小丑由于认识自我，不畏人笑，故能悲喜自如；成功者由于回归自我，可以不怕受伤，反败为胜；禅师由于反观自我如空明之镜，可以不染烟尘，直观世界。认识、回归、反观自我都是通过自己做主人的方法。"

"通过自己做主人"，乃人生大自在的境界，也是人际关系中最舒服的模式。如果你是黄金，不管别人怎么看，你的成分都是真金。了解自己，悦纳自己，才能在人际交往中做出正确的反应和判断，并获得内心的自由。

共同成长的朋友，才能天长地久

　　大芳和小颖是大学同学，两人在学校的时候关系就不错，毕了业又一起到北京打拼，合租了一个小房子，进了同一家杂志社，不说是相依为命吧，至少是同甘共苦，两个无依无靠的女孩在北京这个大城市里互相帮助，抱团取暖。

　　有一年新年，跨年夜，大芳和小颖爬上楼顶，看着满天的烟花，许下新年愿望。在节日的欢庆气氛里，两个女孩欢呼雀跃地喊着："我们要成为有——钱——人。"

　　理想是丰满的，现实是骨感的，年假以后，她们供职的杂志社因为经营不善面临停刊。杂志社有两条路可走：解散或者改制。在纸媒愈来愈难做的趋势下，很多人不愿意再坚守这个行业，大家一哄而散，各谋出路了。谁也没想到，在这种时候，大芳竟然做出一个出人意料的决定，她凭借内部员工的优惠政策，把杂志的部分栏目和广告业务代理了下来，同时做自媒体，线上线下同时发展业务。

大芳动员小颖一起干，思量再三，小颖还是决定跳槽，找一份稳定的工作。接下来的一年里，她们各自走上了不同的路，小颖朝九晚五，大芳开始创业，再后来她们都遇到了自己的意中人，结了婚，相继搬出了合租的房子。

两个好朋友从此分别住在了这个城市的两端，忙起来半年也见不了一面，只能打电话说说各自的情况。大芳的事业起起落落，有时略有起色，有时又跌入低谷，一直在辛苦坚持着。小颖贷款买了房，过着紧紧巴巴的房奴生活，两个人常常在电话里唏嘘感叹，抱怨"长安米贵，白居不易"，互相鼓劲加油。

日子一天天过去，小颖怀孕，当妈后一心扑在孩子身上。大芳也突然有了好运，找到了一个非常靠谱的合伙人，接连不断地开发了几个大客户，公司赚了钱，逐渐有了规模。她自己都有点儿没反应过来，就挖到了人生的第一桶金。

小颖应邀参观大芳的新居时，简直不敢相信自己的眼睛。大芳买下了近二百平方米的复式楼，楼上楼下装饰一新，是她那间狭小逼仄的一居室完全不能比的。

小颖突然觉得跟不上好朋友的节奏了，她不明白，同住在出租屋里，敷着十块钱的面膜，吃着糖炒栗子，躺在床上畅想未来的两个穷丫头，怎么有一个突然就变成有钱人了呢？住着复式楼，开着奥迪车，手指上的大钻戒在她眼前晃呀晃。大芳再次诚恳地邀请她加盟，放开手脚一起大干一场，她还是婉言谢绝了。她看不惯大芳那副暴发户的嘴脸，找了个借口，匆匆告辞。

晚上，小颖躺在床上辗转反侧，失眠了。她记得几年前她和大芳一起对着夜空大喊，要成为有钱人，如今人家真的成为有钱人了，她还在原地踏步。小颖的眼泪簌簌地落下来，起身找到手机，把大芳拉进黑名单。都不是一个阶层了，还自欺欺人地做什么朋友？

人都特别喜欢跟身边的人比，为什么？因为身边的人往往境况都差不多。去跟李嘉诚比，跟比尔·盖茨比？你够不着！

所以，我们不喜欢身边的朋友比我们好太多，因为那样会让我们自己显得很无能。

我很喜欢的复旦名师陈果教授，她有一次讲课的时候说了与自己的好友发生的事：

"有段时间我过得挺得意的，却发现她不那么快乐，这让我很吃惊。然后有一次跟她坦诚相对，促膝长谈。我说，我过得好，你好像不那么开心，对吗？她说不不不，我希望你过得好。

"后来她说，但我希望你不要过得比我好。那一刻，我觉得她特别可爱，真实是很可爱的。'我希望你过得好，但是我希望你过得不要比我好。'这一层就注定我们不可能是知己好友，如果你跟你的朋友现在的关系是这样的话，那你们就不是知己好友，因为你还有一份私心在。"

陈果老师说的这种没有私心的知己好友，真的是友情中很难达到的境界。人都会有私心，我们要接纳这人性中的一部分。如果有一天，我们能真心地为朋友比自己过得还好而感到高兴，那才说明你真的是成长了，成熟了，也更优秀了！

很多讲人际关系的励志书中都有一个这样的观点，一个人的人脉决定了钱脉，要想变得越来越优秀，越来越有钱就要多跟有能力的人、有钱的人交往。还有些人有另一个观点，一个人的收入决定了他的朋友圈，并列出了一个公式，一个人的收入大概是他身边五个朋友收入的平均数。

姑且不去探讨这两种观点哪种更有道理，我们来看一下现实，在生活中，确实有很多这样的人，宁可不优秀、不成长、不学习，也不愿意跟比自己强的人交往。尤其是原本差不多的旧交，突然拉大了差距，冷落朋友，转身先走的，大都是落后的那个。

人家在商场的专柜流连，你却还在地摊上扫货；人家用天价面霜，你还在"大宝天天见"；人家拎着名牌限量版的包包，你顶多买个淘宝爆款；人家的孩子上双语幼儿园，你的孩子上街道幼儿园……跟这样的朋友交往，是有受刺激的爱好？还是心甘情愿地当个鲜花旁边的绿叶，映衬出人家光鲜亮丽的生活？拉倒吧，惹不起我还躲不起吗？

"气人有，笑人无"是人性的弱点之一，在有些人的身上呈现得尤为明显。在他们的友谊中，"相同感"是一个重要基础，最好的朋友，生活境况一定是要跟自己差不多的，否则就别往一块儿凑。"拉黑"比自己过得好的故人，绝对不是一两个人的偶然之举。还美其名曰："如果我不能过得比你好，至少也要装得比你酷。"

岂不知，这种做法，往往是人生最大的沉没成本。因为自卑或者嫉妒，屏蔽了比自己厉害的朋友，往往会让自己失去了一个很好的视角，去观望那些曾经与自己起点相同、条件相同的朋友的生活。如果我们觉得他们很成功，正好可以思索一下，我的人生还有什么可能？我可不可以参考一下他们的路径，把自己的人生也优化一下？让自己的事业之路再进一步？

在美国的心理学家看来，中国人有一种"羞耻文化"，这与美国人的人生观截然相反。如果一个中国人和一个美国人都做了错事，中国人会倾向于否定自己，启动一种心理防御机制，要通过"与人比惨"来安慰自己，而美国人并不会去否认自己，反而会去挖掘自己究竟为什么做得不够好，从而反思学习，找到改变的方法。

所以，优秀的老朋友，是生活中弥足珍贵的人生样本。为了一点儿可怜的自尊心，放弃了这样一个学习和参考的好对象，岂不是太可惜了吗？

人生道路上，我们和朋友不可能永远都在一个水平线上。如果你是领先一步的那个，我们应该向那些愿意和我们一起走下去的朋友敞开欢迎的大门。如果我们是落后一步的那个，一方面，要努力工作，不断提升自己的竞争力；另一方面，还要有平和的心态，安于自己的生活，不必事事都拿最高、最好的来做比较，不能让钱包的重量左右自己的幸福，在自己能力的范围内，尽量提高生活质量，偶尔放低标准，心态好了，日子也就舒服了。

击中你的流言，正好可以修你的缺陷

我看过一部电视剧，其中有这样一个情节，销售部的女总监和销售女状元一直明争暗斗，同时公司的CEO也在追求女状元。这时女状元怀孕了，女总监知道了这件事，马上便在公司宣扬开了。全公司的八卦细胞立刻蓬勃生长，流言蜚语满天飞，所有的员工甚至就连清洁工都在下注，赌女状元肚子里孩子的父亲是她的前夫还是现任CEO男友。

爸爸是谁，成了全公司关注的焦点。如果没有一根强韧的神经，还真经不住这种恶毒。

为什么人们那么喜欢制造流言蜚语呢？人家孩子的父亲是谁，跟你们有什么关系？

以前听过一个讲座，说人类的语言能力为什么会那么发达，如果仅仅是为了日常交流的话，完全不必装配功能这么强大的语言能力的，如此复杂的语言系统，就是为了——制造谣言！

好吧，我承认这一结论令我发呆了很久。

据说，人类在原始社会的时候，就学会制造谣言了。男人们出去狩猎，女人们采摘完果子，就坐在山洞门口编排别人。这种习惯一直延续至今，在人类社会的舆论功能中占据了一大块，在某些偏远山村，至今还有规范人们行为的作用。流言甚至成了我们文化的一部分，成了我们对社交圈子里正在发生的情况有所了解的重要信息来源之一。

在现今这个自由而开放的社会，流言蜚语的杀伤力在于，它并不一定会摧毁我们的生活，毕竟这不是那个"人言可畏"而逼死阮玲玉的时代了，但是它却会让你心里感到很难受，心情糟糕，甚至会影响你的判断力和执行力。

不厚道地说，那些谣言制造机们，把别人"毒舌"成什么样，自己大抵也就是什么样的人。如果他们坚定地认为一个美少妇和一个帅哥独处一室必有奸情，那么一旦有合适的条件和土壤，他们自己也必定成为墙外一枝招展的红杏。

如果一个人污蔑别人的升职是靠身体上位，她大概做梦都想当老板娘；如果一个人讥诮别人好吃懒做，能过上好日子只因为有个好爸爸，那么他肯定暗恨自己不是个富二代……

虽然每个人都不希望成为流言的对象，但并不是所有的流言都能影响到我们，有时候一句看似无关紧要的话，却会精准地触到我们敏感的神经，而有些貌似很重要的事情，反而被我们一笑置之。对于流言，是气得咬牙切齿还是云淡风轻，取决于你究竟是如何看待自己的。归根结底，这些只跟自己有关。人们毒舌、制造流言的时候，只和他们自己有关；而我们的反应和感受，也只和我们自己有关。面对流言，当我们有过激的情绪反应时，应该问问自己：我为什么会被戳到痛点？我在这件事情上，究竟是怎样看待自己的？

也就是说，流言能对生活产生多大的破坏性，其实取决于我们自己——听上去是不是有点儿不明就里？但事实就是这样的。被流言攻击其实是一个契机，可以让你有机会盘点自己的过往，审视自己的内心。处理好了，反而是人生的一次进步，让你变得更为成熟和完美，这就叫抗住流言一小句，人生成长一大步。一旦处理得不好，就可能会放大自己性格中的弱点，令你做出消极的反应，给人生减分。

电影《西西里的美丽传说》就是这方面的一个反面教材，绝色美女玛莲娜被推到了流言的风口浪尖上，那些铺天盖地的流言带给她致命的打击，使她放弃自己，一步步走向堕落，令自己的处境越来越艰难，最后被逼出了小镇。

面对流言，首先得有一个淡定的心态，不用烦恼，更不要生气。

要知道，具有被毒舌的价值，说明你在人群中是有存在感，被"抬举"为议论的中心。在不急不恼的基础上，我们还是要自省一下，是不是自己的行为有不当之处，或者能力上有什么欠缺，还是在人际关系上有什么漏洞，给了流言可乘之机。比如，有人说你和老板关系暧昧，反省一下平时是不是有失检点或者神经太大条了，如果自信够正派，就让那些嚼舌根子的一边待着去，不值得为他们浪费脑细胞；如果有人说你是马屁精，更简单，做出点儿漂亮的成绩，证明拍不拍马屁你都是那根不能缺少的萝卜，有本事占一个大坑，别人干着急也没有用。

不管别人怎么说，你自己的底气要足，只要自己能肯定自己，就不需要从他人对自己的评价上获得肯定。别人的嘴你管不住，别人的想法你也没有办法控制，整天想着别人对自己的看法只会长皱纹，对生活没有任何好处。

当然，有时候我们为流言蜚语苦恼是因为其他方面的客观原因，比如担心这些话传到上司耳朵里可能会影响到自己的前（钱）途，这时候与其说是担心流言，不如说是担心前（钱）途，那么只要把流言蜚语当成工作中的一个问题来解决就可以了——就像项目做得不顺利了，需要找解决方案，同事流言蜚语和客户吹毛求疵一样，都是工作中可能出现的一个状况，只要就事论事，针对具体情况，考虑怎么解决就好了，不需要夹杂太多个人感情在里面。

流言的本质就是别人将他们带着自己认知、幻想、情绪的偏见投射到你的身上，如果我们能从他人的毒舌中伤里，看到自己的不足，看清自己，如何看待自己，那么从流言蜚语中走一遭，不但不会沾上唾沫星子，还能适时修补自己的缺陷。当流言制造机们发现流言无法中伤你，反而让你越来越好的时候，就是流言和你绝缘的时候。

高情商，不过是将心比心

可能每个人都有这样的时刻，觉得生活中有那么一两个朋友总是惹你不开心，智商非常低，情商简直就是负数，用通俗的话说就是缺根弦儿，作为朋友，他的功能就是给你添堵。我认识的一个姑娘，都快被她双商低的朋友气疯了。她好多次都愤怒地说："我觉得我下星期必须砍了她！"

也可能每个人都有过这种时刻：翻遍了通讯录，却不知道该打给谁。就那么坐着，不知不觉时间已经过去了几个钟头。觉得难过，却懒得说。觉得说了也白说，没人能理解这种感受。而且，真正的痛是说不出来的。

还可能会遇到这种时刻：朋友万分难过，你却无能为力。说点儿好听的安慰他，他却充耳不闻；说点儿难听的刺激他，他麻木不仁；一声断喝，再给他一个耳光，令他醍醐灌顶？他迷迷怔怔地瞪着眼睛无辜地看着你。于是，你陷入烦躁的抓狂之中……

我在一本书上看到这样一个故事：有一个小男孩，有一天回家很晚，妈妈问他干什么去了，他说去安慰隔壁家刚刚失去老奶奶的老爷爷。妈妈很惊讶，觉得老爷爷的痛苦太沉重，即使是一个大人也不知该如何安慰，就问他，你是怎么安慰老爷爷的？小男孩说："我骑车路过老爷爷家，看见老爷爷一个人坐在院子里哭，我就把车子放在一边，爬上他的膝盖，跟他一起哭。"

这个小男孩是个天生的治愈达人。他做的，是特别天然的"共情"，我明白你的难过，而不指手画脚；我陪你哭，而不急于让你变成我所期望的样子。

从心理学的角度说，拥有这种特质的人，是帮助他人释放情绪的专家。他们就像一块能吸收负面情绪的大海绵，随便你怎么吐槽、宣泄，最后都能从他们那里得到安抚，抽抽搭搭地去睡个舒服觉。

电视剧《深夜食堂》里小林薫饰演的小店老板，就是一个这样的治愈星人。一间通宵不打烊的小饭馆，一个号称什么饭都会做的老板，吸引了很多失意的人深夜来到这里，老板话不多，偶尔说几句，往往能起到四两拨千斤的作用，或者什么都不说，只赠送一碗免费的热汤，默默地陪着客人喝完。客人们都觉得，他能懂他们。

心理学家弗洛伊德将人格结构划分为三个层次：本我、自我、超我。

"本我"是一个被宠坏的孩子，不能忍受挫折，没有任何顾忌，想要什么立刻就要得到，追求快乐，回避痛苦；"超我"就像个严厉的家长一样，总是要管着"本我"，通常会与"本我"对着干，他追求完美，有一大堆这样、那样的理想，这样、那样的价值观，我们每每感受情绪的时候——比如因为失恋而难过，因为挫败而消沉，因为压力而焦虑，因为恐惧而逃避等等，"超我"便会跳出来振振有词：你这样想是不对的，你那样做是没出息的，你应该怎么怎么样，不该怎么怎么样。于是我们的罪恶感油然而生，给自己或者别人强加了一条罪名——你不该颓废这么久，你必须赶快好起来！

每当"本我"与"超我"掐起来的时候，人就会由于内心的冲突而显得格外拧巴，由于拧巴而痛苦。这时候就需要"自我"跑出来协调，如果"自我"这个工作完成得好，人的心里就舒服了，痛快了。

要想平息内心拔河一样的战争，"自我"的第一个任务就是要接纳自己、认可自己的情绪。这是一件说起来容易做起来难的事情。甚至有的人一生都无法真正地接纳和认可自己。回到我们的主题，当我们自己无论如何都无法帮助自己达到内心的和谐时，可能就需要外力的帮助。而高情商的朋友，无疑是个好人选。

为什么这样说呢？举个例子。假如某人因为失恋而难过，找朋友倾诉。

如果朋友说："算了，别难受了，好好睡一觉，明天就好了……"那么，他不是治愈星人。

如果朋友说："两条腿的蛤蟆不好找，两条腿的人到处都是，大不了重打锣鼓重开张，明天就给你介绍一个……"那么，他也不是治愈星人。

如果朋友说："瞧你这点儿出息，谁还没失过恋啊……"他更不是治愈星人。

我们特别愿意给朋友"打鸡血"，真心地希望他们从难受的状态中尽快解脱出来，其实这就像大禹的父亲鲧一样，用"水来土挡"的方法去治水，注定是要失败的。当朋友的情绪需要宣泄的时候，"打鸡血"式的开导，等于把你的意见强加于他，反而会把他的情绪弄得更憋屈。每个人都希望当自己脆弱无助的时候，身边有一个"小男孩"，默默地陪在身边。比起盲目的乐观鼓励，我们更需要身边的人来认可我们的情绪，承认我们的处境，关注我们的内心苦痛。

安慰一个哭泣的人，最好的方式不是说"不要哭"，而是说"你一定很难过吧，想哭就哭吧"，这就是"共情"。人类最高级别的安慰，就是理解别人的痛苦。

著名心理学家岳晓东在《登天的感觉》一书的自序中这样写：年轻的时候我想，理解一个人是多么容易的一件事情，而做咨询越久，越发现，一个人去理解另外一个人，是多么、多么困难的事情。就好像登天的感觉。

所以说，共情并不等于同情，若你真的希望对方好起来，请你帮助他来表达他真实的感受。同情传达的是：我理解当……时，你会有多难过；而共情传达的是：我理解你目前的感受，并感同身受。当然不是说非要与对方一起哭，如果我们能保持一个中立的立场，放下内心的评判，好好地陪伴他，不再给他任何压力——包括让他很快好起来的压力，就足以让对方感觉到温暖，而找到自己的力量了。很多时候，人们内心深处的那个叫"超我"的小人儿已经足够聒噪了，不需要我们再废话。

这，就是治愈星人最常做的，也是人们喜欢他们，愿意对他们倾吐心声的重要原因。从专业的角度说，共情就是进入并了解他人的内心世界，并将这种了解传达给对方的一种技术与能力。但是很多人更喜欢关于共情的另外一种描述：从他的眼睛里面，去看他的世界。

说起来好像云山雾罩，做起来其实很容易，只要能管住自己心里蠢蠢欲动的声音，不急于发表意见，从对方的视角去看其当下的困境，不批评、不判断、尊重、以对方为中心，好好地倾听对方的倾诉，感受对方的情绪，在适当的时候给予回馈。如此，就OK了。

最后用两句话来总结治愈星人的共情治愈大法：一、用好耳朵，管好嘴；二、真情流露的人，才能得到真情回报。

情感留白，切忌交浅而言深

　　我认识一个女孩,脸蛋、身材都绝对说得过去,可就是情路坎坷,要么是长时间没人追,要么就是她倒追别人追不上,要么就速恋速分。慢慢地,我发现了她的症结所在,就是她太实诚了。跟同事朋友交往,就像竹筒倒豆子一样,什么都跟别人说,把谁都当知心朋友。有时候正上着班,出去接个电话,回来就趴在办公桌上开始哭,大家只好过去询问一下,她说跟男友吵架了,原因是什么什么,哭诉着就让自己的私生活大白于天下。谈恋爱也是这样,恋爱关系刚确定,她的身高、体重、三围,邮箱密码、银行卡密码,成长秘史、过往情史……所有第一手资料都会迅速被对方掌握。

　　这个姑娘不但在生活中门无遮拦,在网上也这样。刚交了一个男朋友,关系还不稳定,就忍不住在微博上刷屏,男友的昵称是小猪,她的昵称是小猪猪,"小猪发誓要爱小猪猪一辈子"。过几天分手了,马上鼻涕眼泪地发了一堆分手感言。又过几天发年终奖了,发了一张自拍照，一把钞票码成孔雀开屏的样子，花花绿绿甚是好看。她也不是炫富，她似乎天生就是这样一个天真无邪的人，对他人、对世界都没有什么戒心。在公司里，年终奖的数字是个秘密，谁也不会不知趣地互相打听，但是她的年终奖有多少，算是人尽皆知了。

这姑娘在网上几乎是个透明人，没有秘密，年龄多大，收入几何，交过几任男友，随便翻翻她的微博就知道了。

最近发现这种容易对人敞开心扉的女孩子特别多。如果说年轻人心地单纯口无遮拦，也就算了，可是有一次遇到一个中年大姐，也够令我大跌眼镜的。跟这个大姐是第一次见面，在一个饭局上，刚好我们俩坐在一起。女性第一次见面说什么呢，一般也就是聊聊护肤，谈谈减肥，交流一下关于化妆品的心得，等等。对于两个并不熟识的女性来说，这样的话题既不会冷场也不会出错。

越聊越投机，大姐指着自己颧骨上几个小斑点对我说："气血不畅容易长斑，这是化妆品也解决不了的问题，做人工流产容易导致气血瘀滞，你看我这个斑就是人流做多了长的，我一共做了七次人流。"

看着大姐毫无异样，其他人也镇静自若的表情，我一时有点儿含糊了，难道是我的观念有问题，人流已经不算隐私了，可以像感冒一样，拿到大庭广众来说了吗？

有人把这种"把谁都不当外人"，一张口什么话都敢说的人称为"清汤挂面"，意思是一眼看到底，毫无遮掩，没有内涵。

在现代社会的交际中，"心机深沉"的人虽然不招人喜欢，但"清汤挂面"也绝对不是什么正面的评价，这样的人，大家虽然觉得像个"傻白甜"一样人畜无害，但同时也有"拎不清""没分寸"的嫌疑，似乎不堪大任，也不堪深交。

别再标榜自己"我这人性格单纯""藏不住话"，很多时候，生活不顺遂，职场难晋升，可能坑都在这儿呢！

有一个认识几年了，但彼此称不上特别了解的朋友，有一天对我说："我感觉你很寂寞，寂寞得都快疯了。"

我大惊，问为什么。

他说："我经常看见你发微信朋友圈，尤其是晚上，有时候很晚了还在发。"

我顿时很无语。

这年头，刷不刷微信跟寂寞已经没有半毛钱关系了。同时这件事也说明了一个道理，我们，总是在有意无意地揣测别人的生活——从各种蛛丝马迹，不管这跟我们有无关联。不然，娱乐圈里也不会有什么狗仔队了，也不会有24小时蹲守的偷拍了，挖掘明星的隐私，就是为了迎合大家人性中八卦的那一部分。

人性就是这么矛盾，不让他知道的时候他想知道，什么都让他知道了又觉得寡味无趣。

在人际关系中，让双方存一些私密，也是一种吸引力，把自己的内心世界完全暴露于别人眼前，神秘感尽失，变成一碗让人一目了然的清汤挂面，滋味实在乏善可陈。很多青梅竹马的发小最终只能沦为死党却成不了恋人，我觉得也跟缺乏神秘感有关。你见过我流大鼻涕的样了，我知道你初潮是哪天，你认识我三姑六婆八姨夫，我见过你五婶四舅二大爷，彼此太过了解，就会缺乏吸引力，爱情还没发芽呢，就成了亲情。

国画有一个很大的特色，就是善于"留白"。国画不像西方的油画强调色彩的冲击，它用淡淡的墨迹描绘世界，给观者一定的想象空间。这种技法，妙就妙在遮掩和留白，在没有笔墨的地方，凸显画意之深远，谓之"留白天地宽"。

在交际中，"留白"也是个相当值得借鉴的技巧。所谓"留白"，不仅是在穿衣打扮方面，在待人接物的行为模式上也要学会让自己保持一点神秘感。无论是生活境况，还是个人情感，切忌一五一十地对人尽情倾诉。痛快了嘴，却把所有的底细都亮给了别人，这样的人真是勇气可嘉。一般来讲，初相识的人，说个五六成就已经很多了，剩下的就是国画中的留白，不多也不少，恰到好处，给对方留一点揣摩与遐想的空间。

不知道你有没有注意过，现实生活中，把谁都当知心姐姐的人，往往挚友并不多。为什么？交浅而言深，是缺乏分寸感的一种表现，谁敢跟他掏心窝子，回头他就像个喇叭一样把你的私事弄得尽人皆知。

在今天的交际场上，神秘感与魅力也是成正比的。一个具有神秘感的人，自然而然地会引起别人的关注。神秘感的核心在于不可预见性，愈是让人看不透的人，就愈让人想要进一步接触。人与人之间的交往是建立在实际接触上的，一个交往一两次就让人看得清清楚楚的人，肯定不是个有魅力的人。

神秘感也是可以通过训练习得的，我在各种相关的书籍和网上搜集了很多关于培养神秘气质的方法，其中有三个要点是大家公认的，可以借鉴下：

第一，话别太多。这个在上文已经说过。女人尤其爱犯这个毛病，因为女人喜欢也擅长与人分享，并且把这视为友谊的一部分。与闺密或者熟识的好朋友交心自然无可非议，但是要记住交浅言深是大忌，与别人半生不熟时便向其推心置腹，只会让自己变得无聊、琐碎且毫无神秘感。

第二，学会拒绝，别当老好人。在人际关系中要有亲疏远近，过分顺从别人反而会失去自我，有求必应可能会收获一张好人卡，但会让你显得一点儿神秘感也没有。

第三，一个有深度的人才能有神秘感。有个作家说，一个头脑空空的人想要玩神秘无异于抓泥涂脸。这句话虽然直白，但却很有道理。一个人的神秘感并非固定不变，神秘的内容一边不断地被对方探究所发现，一边又会被新的内容所充实和替换。所以，你需要不断地用知识和智慧来填充、更新这些内容。知识贫乏、思想浅薄的人，即使让人有一时的新鲜感，也很快会失去吸引力。

爱因斯坦说过："人类最美的经验是神秘感，神秘感是一切真科学与艺术的源泉。"看来神秘感不但能让人在交际中有如神助，还能推动时代进步呢！如果说距离产生美，那么神秘能产生大美。

"亲密有间"的朋友才更长久

范范和思远是一对闺密。两人关系很好，跟彼此的老公也熟络，四个人经常在一起吃吃饭、唱唱歌什么的。但是范范最近落下一个毛病，就是不能看思远老公的鼻子，一看就想笑。所以她每次都埋头吃饭，专心致志地和碗筷食物"斗争"，尽量不抬头，忍得非常辛苦。但是人都有一个毛病，越是想忘掉什么事，就越是想着那件事。有一次，范范一抬头，刚好看见对面思远老公的大鼻子，她忍不住"噗"一声把刚喝的可乐喷了人家一脸。

要说这事儿的始作俑者，还是思远。范范和思远是十几年的闺密，从小一起长大，无话不谈，几乎没有什么禁忌。不过思远有一个毛病，就是特别爱讲她与老公的私事。从两人谈恋爱起到后来结婚成了夫妻，只要一有新鲜桥段，她肯定会乐不可支地跟范范描述一遍。

开始范范还挺有兴趣的，几年下来也觉得有点儿无聊了。她明确地说，亲爱的，我对你们两口子的闺中之乐不感兴趣。尽管这样，思远还是乐此不疲。有一次又兴致勃勃地对范范说，昨天自己心情不好，老公为了哄她开心，在鼻子上画了一个小猪佩奇。思远的老公平时不苟言笑，看上去特别严肃，所以这个"小猪佩奇版"的鼻子，就成了惹得范范屡屡笑场的罪魁祸首。

几次以后，思远的老公察觉出范范的表现有点儿不对劲，回家"拷问"老婆，思远也没当回事情，就把原因告诉了老公。没想到老公大怒，反应非常激烈，夫妻俩为这事儿大吵一架，从此以后，思远的老公再也不肯与范范见面，算是彻底"绝交"了。与老公吵得七荤八素的思远又跑来埋怨范范，说她的表现太夸张，才引出这场风波。范范觉得委屈，是你主动告诉我的，又不是我问的。就为这点事，多年的密友心里也有了芥蒂。

在女人看来，彼此间分享生活中的小秘密，是关系亲密的一种表现。但是关系再好也总得有个尺度吧，并非什么事情都能与闺密分享的，尤其是夫妻间的私密事情，毕竟其中还涉及另一个人的感受。

如果范范之前能够认真地与思远谈一谈，向她说清楚知道太多他们夫妻的私密事情让她不自在了，也就不会出现后来口喷可乐这出闹剧了。

晚饭后，萍萍让老公洗碗，叫了几声，老公就像没听见一样赖在沙发上"葛优躺"，萍萍见自己被当成空气，顿时心头火起，抄起一个盘子摔到地上，老公不甘示弱摔了个杯子，很快两人便陷入了对峙。

萍萍打电话给闺密们诉苦，闺密们各抒己见，纷纷献计献策，将自己的驭夫术倾囊相授。这个说："太不像话了，结婚才几天啊！就这么懒，以后还了得？"那个说："不是东风压倒西风，就是西风压倒东风，你可不能示弱啊！"还有一个接着说："再不听话你就去婆婆家闹，小样儿，看他服不服！"听闺密们你一言我一语的，萍萍心中的怨气越来越多，觉得天下就自己这个男人不听话。在闺密们的大力怂恿之下，萍萍的态度相当强势，率先挑衅，把一个耳光甩在老公脸上。

没想到老公更强势，竟然提出了离婚，萍萍傻了。

冷静下来，萍萍真诚地跟老公沟通，承认自己对两人的矛盾处理不当，不该盲目地听信闺中密友的"损招"。老公得知她又被几个闺密"遥控"了，又气又恨地在她的额头上狠狠地戳了一下："你怎么这么没脑子，什么事都听别人的？"

萍萍的几个闺密比她的年龄都大，社会经验也比她丰富，萍萍平时非常信赖她们。同样的一件事情家人和老公对她讲，萍萍未必信，但是她们讲萍萍绝对相信。

就因为如此，在婚前，萍萍和老公就差点儿被她的闺密"劝散"。有个闺密离过婚，感情生活不太顺利，对爱情、婚姻的看法也比较负面，她总以清醒冷静而自居，在萍萍和男友吵架时总是"劝分不劝和"。

萍萍婚期临近的时候，因为"租什么样的婚车"与老公闹了点儿小矛盾，萍萍一生气，又去和闺密们吐槽。闺密当即把萍萍数落一通："这么小气的男人你居然还要嫁给他，以后能有好日子过吗，让我说你什么好……"搞得萍萍几乎想逃婚，婚礼差点儿夭折。

因为这件事，老公心里积怨难消，终于有一天，几个闺密又跑到萍萍家里，关上房门嘀嘀咕咕的时候，老公冲过来，毫不留情面地说："拜托你们别掺和我家的事儿了！"

3

朋友交往多年，就可谓是亲密无间了。但是，再亲密的朋友相处也是有"雷区"的，应该尊重彼此的边界，这有助于关系的长久保持。朋友之间有秘密会相互倾诉，但是要切记"亲密有间"，再好的关系也要有界限、有空间，"亲密无间"地进入彼此的私人空间，对于双方的关系来说，绝对是弊大于利。

哲学家、心理分析师尼可尔·普里厄认为，当我们同别人交往时，难免会身不由己地背叛对方，这是人际关系的一部分。"背叛总是潜伏在人际关系中，也许当我们准确意识到这一点的时候，我们就会变成一个有意识的人。"

可见，即便是对最亲密的朋友，也不要完全口无遮拦。你愿意与朋友分享秘密，不希望被朋友出卖，朋友也有同样的想法，如果对方真的对你说了极度隐秘的隐私，或者他自己都觉得羞耻的事情，那么你一定要注意保密，朋友间的信任一旦被打破，可能就再也无法修复，从此密友变路人。

即使不算特别隐私的事情，如果朋友不愿意被外人知道，我们也要遵守界限，为其保密，千万不要以为关系好，就不把自己当外人，把人家的事情随随便便讲出来。三毛说过："朋友再亲密，分寸也不可差失，自以为熟，结果反生隔离。"娱乐圈中这样的事情就很多，明星的很多料都是被闺密爆出来的，比如有一位女星，被闺密爆料曾经酒驾，烟瘾还很大，公众形象一落千丈，女星耿耿于怀，觉得闺密这是背后捅刀，是阴险小人，完全辜负了自己待她的真挚情谊，闺密还满腹委屈，觉得自己说的都是些无伤大雅的事情，是女星气量太小。结果两人从最好的朋友变成了老死不相往来的路人，面对面走过都不打招呼。

另外，掺和别人的家事，也绝对是件费力不讨好的事情。

有时候朋友抱怨生活中的种种不如意，只是想发泄一下郁闷的情绪，不一定是非要向别人讨个主意，我们做一个静静的倾听者就好，不必真去出谋划策。

朋友可以大骂自己的老公或者老婆，但是你不可以跟着骂，这是很简单的人情世故。

再亲密的关系，也不能像八爪鱼一样，无限制地渗透进人家的生活。作为一个成年人，总归是要对自己的生活有所担当的，朋友对我们再好，也不要总把人家当成垃圾桶，那些一地鸡毛的家务事，能少说几句就少说几句吧。生活的烦恼有时就像个皮球，只能自己抱着，谁也不能替你接过去，又何必总把那些负能量传递给别人呢？

永远不和烂人烂事纠缠

莉莉和小陶在大学里是好朋友，说好了毕业后一起合租房子，临近毕业时，小陶火速找了一个男朋友，于是两人合租变成了三人合租。莉莉很快就发现小陶的这个男朋友有点儿不靠谱，好吃懒做，天天在房间里打游戏、抽烟，而且还有暴力倾向！玩游戏的时候喜欢破口大骂，砸键盘、摔鼠标，还摔碎过小陶的杯子。莉莉提醒小陶，小陶不在乎，说在网上发泄一下情绪很正常。

两个月后，莉莉就租了新房子搬走了。不久，小陶失恋了，打电话要求再次与莉莉同住，莉莉婉言拒绝，帮小陶在别处租了一套房。朋友之间三观有一观不合，也许不至于反目，却会在生活中埋下一些隐患，就像脚下的地雷，随时都有可能爆炸，离那些雷裁远越好，千万别当敢死队队员替她踩。

一个人如果私生活混乱，或者拥有一段不健康的感情，特别容易麻烦上身。这样的人并不能说完全不能做朋友，但是贴身交往，还是要慎重考虑，免得城门失火，殃及池鱼。因爱生恨的事比比皆是。
这种朋友最好不要招到家里来，否则有可能就是引狼入室。

还有一件事，是发生在我闺密玲玲身上的。玲玲全家和老公的
发小全家一起去旅游，在饭店吃饭的时候，点了一盘饺子，服务生
上错菜，把饺子端到别的桌子上去了，那桌客人吃了两个后，发现
馅儿不对，这盘饺子又被端到玲玲他们的餐桌上。玲玲嫌弃饺子已
经被别人吃过了，要求退掉，服务生不同意，便吵了起来。老公的
发小急忙好言相劝，还主动付了账。

玲玲埋怨他，还是个警察呢，怎么那么怂！老公的发小说，我
当刑警这么多年，知道好多大案、血案最初都是由一点小事情引起
的，退一步开阔天空，能不争执就不争执。

玲玲不屑，哦，一盘饺子还能引发血案?

结果没几天，网上就曝出了火锅店服务生往女顾客头上浇热汤
的事情。玲玲被这则新闻吓了一跳，觉得老公的警察发小说的也有
几分道理。

我们遇事要保持冷静，尽量不与人争执。万一遇到"垃圾人"，
对方的情绪得不到释放，你和他杠上了，刚好跟你来个你死我活。

作家大卫·波莱提出了一个垃圾车定律："许多人就像垃圾车
一样，他们装满了垃圾四处奔走，充满懊恼、愤怒、失望的情绪，

随着垃圾越来越多，他们就需要找地方倾倒，如果你给他们这个机会，他们就会把垃圾一股脑儿地倾倒在你身上。所以，有人想要这么做的时候，千万不要收下。只要微笑，挥挥手，祝他们好运，然后，继续走你的路，相信我，这样做你会更快乐。"

这一类"垃圾人"不一定常见，但在生活中难免碰到那么几个，懂得这个定律，可能一些悲剧就能避免。

一个二十岁左右的女孩，喝得大醉，深夜打车，怀疑司机绕路加钱，两人发生争执。那个司机也是个变态，不知为何后备厢里竟备着手铐。一怒之下把女孩铐了起来，带回地下室的出租屋里，将其残忍杀害。

电视里，女孩父亲掩面大哭，说后悔没有对女儿进行一些安全意识方面的教育。

这种例子，多得不胜枚举，随便到网上看看就能找到一大堆。

生活中不仅仅有垃圾人，还有很多其他的垃圾，比如我们可能会受到的一些误解、冤枉、不公正的待遇等等，我们都要学会淡然处之，转身避让，放它们过去。否则，垃圾只会越来越发酵，一直困扰我们。

人这一生，没有什么人、什么事值得我们一直耿耿于怀，一辈子与之缠斗。与烂人烂事死磕，代价往往是巨大的。即使是赢了，你也会陷在里面，很难拔出脚来。

我读过这样一则寓言，一峰骆驼走在沙漠里，不小心踩到一块碎玻璃。它很生气，抬起脚，狠狠地将碎玻璃踢了出去。结果被锋利的玻璃划破了脚，流了很多血。鲜血的味道将盘旋在空中的秃鹫招来了，一路猛追骆驼。骆驼很害怕，不顾伤势狂奔起来，好容易跑到沙漠边缘了，却又引来了附近的狼群。它再次仓皇逃跑，慌不择路，闯入了一处食人蚁的巢穴，被黑压压的蚂蚁团团围住啃噬。临死前，骆驼后悔地想：我为什么要跟一块小小的玻璃较劲呢？

很多人之所以会与烂人烂事纠缠不休，就和这峰骆驼一样，被负面情绪蒙住了双眼，目光看不到更长远的未来。

芸芸众生，什么人都有，繁杂世事，什么事都有，我们改变不了别人，却可以调整自己的心态。

我发现，过上简单有序生活的那些人，都有一种精神上的洁癖，他们不但会跟消耗自己的一切一刀两断，还会尽可能地远离种种"垃圾"，从不为自己的生活埋下任何隐患。

大卫·波莱说："生活只有10%是靠你创造的，而有90%则是看你如何去对待的。"我们一生的精力十分有限，不是每个人都值得你去浪费口舌的。

不值得浪费口舌，就更不值得浪费时间和精力了，也不必为这些人动怒，浪费自己的好心情。

余生只有那么长，时间很宝贵，这些有限的时间，我们要用到对的人和事上，要用来去遇见更好的人和事，这是一种不计较的大智慧。

第五章

心态：
生活给了你一地鸡毛，
就把它扎成鸡毛掸子

〰

有什么样的眼界,就有什么样的境界

我在一位畅销书作家的专栏里,看到过这样一个故事:

他有两个朋友,年轻时都做过船员,随着轮船周游世界。在20世纪八九十年代人的观念里,外面的世界很精彩,外面的世界也很危险,出国打工很赚钱,同时也是一场冒险之旅。

几年后,两个朋友带着满身风尘回来了,奇怪的是,他们对外面世界的感受是截然相反的。一个说外面的世界很奇妙,很温暖,一路遇到了很多好心人。比如有一次,他在阿姆斯特丹港口,想给家人打个电话,兜里却没有硬币,又不会说外语,也不知道去哪里换,正站在投币电话前着急,一对小情侣发现了他的窘境,送给他很多硬币,满满地捧了一手。在国外的时光,在他口中,是一场美好的"传奇经历"。

另一个朋友却说,国外的生活极为凶险,到处都是坏人,坏到令人发指的地步,稍一疏忽就有可能被骗甚至是被害。

其实，这两个朋友走的是完全相同的航线。

我在生活中，也经常发现这种现象，境况差不多，经历也差不多的一些人，对于世界的看法却大相径庭。

我北漂多年，结识了很多北漂朋友，对这个留下了青春和热血的城市，大家的态度并不一样。

有人说，长安米贵，白居不易，受尽冷眼和冷遇，北漂之路血泪斑斑；有人说，一路走来虽然困难重重，所幸遇到太多好人无私地帮助，不然走不到今天。

其实，细细一聊，大家的遭遇都差不多。无非是半夜被房东赶出家门，推着箱子流落街头，或者是被黑心老板欺诈等等。只是每个人选择留在记忆里的东西不一样，所以拿出来分享的故事也不一样，有些人就像是被骗大的，能活下来简直就是九死一生；有人则像天生的幸运儿，每次跌倒在谷底时都会突然遇到暖心的帮助，结果柳暗花明又一村。

所以，有些人觉得这个城市对自己越来越亲和，对北京越来越有感情；有些人却始终牢骚满腹，房价太高，空气恶劣，出门就堵车，一边骂一边赖着不走和大家分享雾霾。

你凝视着深渊，深渊也凝视着你。我们赖以生存的这个世界，并不仅仅是一个冷冰冰的客观存在，这个世界是有生命的，甚至可能是有灵魂的。你如何待它，它也如何待你。

这个世界不可能是完美的，你的世界里有哪些不美好的地方？

那之中，有多少其实可能是我们自己的选择？

你以何眼看世界，世界就是什么样子；你如何对待世界，世界就如何回馈你。就像复旦名师陈果说的那样，你活得很LOW，你的世界也不会美好到哪儿去。

我曾给一位女企业家写过传记。她说她这一生，虽无大起大落，但也并不顺遂，好事坏事都遇到过。出身部队大院，家境很好，但是童年时病痛缠身；事业不错，但是婚姻失败了；被贵人扶持过，也被小人算计过；被幸运砸中过，也被生活折磨过。总之，没有人能永远被生活善待，关键是你自己如何对待这一切。如果整天以一种失衡的心态抱怨生活，时刻以受害者自居，觉得自己经受了世间的一切不公，万事万物都欠自己的，日子就真的很难变好了。

弗洛伊德曾经提出了一个心理学概念叫作投射。所谓的"投射"是一种认知障碍，指把自己的态度、动机、想法或欲念"投射"到别人身上，即推己及人。有一个关于苏东坡和佛印和尚的故事，能很好地说明投射效应：

一天，苏东坡和佛印和尚在杭州的西湖上泛舟清谈，苏东坡看着对面的佛印，开玩笑说："我看你是一堆狗屎。"佛印不但没有生气，反而微笑着说："我看你是一尊金佛。"苏东坡乐不可支，觉得自己占了便宜，回家以后，得意扬扬地向妹妹苏小妹炫耀，苏小妹哭笑不得，说："哥哥你吃亏了，佛家说'佛心自现'，你看别人是什么，就表示你看自己也是什么。"

简单粗暴地解释就是，因为我自己是狗屎，我看别人也是狗屎；因为我自己是金佛，我看别人也是金佛。

据说，佛陀当年初次给弟子们讲法，首先就是教众生去认识、体会这个世界的复杂和缺憾，去看我们自己与生活之间是怎样纠缠不断、苦难重重的。在复杂的生活中，若能以一种平和的心态去应对世间的种种，对世界的坏坦然接受，对世界的好心怀感恩，那么不仅我们对世界的认知会更宽阔、完整，更重要的是，能够用更高远的视角去看世间万象，这种大视角被称为智慧，能让我们活得更加简单和快乐。

真正的智者，懂得接受生活本来的样子，不会营造一个幻象来欺骗自己，也不会学做鸵鸟，把头钻进沙堆里逃避现实，更不会怨天尤人，伸手向别人讨要公平和美好。

他们会心无旁骛，迎着光的方向走，把那些复杂和阴暗都抛在身后。一路向前，一路成长，到最后，他们会强大到那些伎俩、打击、挫折都再也伤害不了自己了！

顾城说，黑夜给了我黑色的眼睛，我却用它寻找光明。

简单，是应对复杂世界的利器。无论外界再怎么芜杂，只要我们心灵的内核是坚强的，眼神是纯净的，就能把自己活成一束光，击退阴影中的蝇营狗苟。

从我们长大成人，走出家门独自上路的那一刻起，成长就像环游地球一样，充满了未知，是一场冒险，更是一种承担。

你享受了广大天地带来的自由和机会，同时也必须客观地看待世界的不完美，接受这种不完美。就像沐浴着温暖的阳光，又怎么能要求阳光下没有阴影呢？

在复杂的世界里，简单地活着，心无所累，一切皆安。

工作都做不好，还谈什么美好人生

　　我上大学的时候，寒暑假在商场打工兼职卖化妆品，跟我搭档的是一个专职的导购员，名字叫姗姗。姗姗人长得很美，有点儿像混血美人，皮肤极好，有一种欺霜赛雪的白，大眼睛在浓长睫毛的掩映下眼波流盼，是真正的目如点漆，眼若秋水！

　　人人都说姗姗的先天条件好，适合干美容行业，她天生的好肤色，就是活广告。只是姗姗自己对这份工作好像有一搭无一搭的，有次我看见她翻着销售表蹙着眉毛做思考状，问她，姗姗，你想什么呢？她抬起美丽的大眼睛说，我在想中午吃什么。姗姗很少给顾客介绍产品，一般都是顾客要哪瓶她就给拿哪瓶，实际上她对产品的分类和功能也不甚了解。

　　有一天，来了一位年轻的女顾客，说要买瓶晚霜，姗姗说我们这个品牌没有晚霜，女顾客指着柜台里的某一瓶让姗姗给她拿出来看看，拿出来以后，她质问姗姗："这不是有晚霜吗？据我所知是新出的产品。"姗姗瞥了她一眼，说："有就有呗。"

第二天我去上班，没见到姗姗，专柜上换了一位陌生的导购小姐。原来昨天那位女顾客是化妆品公司派来的督导，前来抽查工作的。姗姗被辞退了。

可能对姗姗来说，丢掉这份工作也没有什么惋惜的，她说过对这份工作也没有多少兴趣，也没付出过多少，说白了，就是没有上过心。

第二年我毕业了，到杂志社上班，把姗姗介绍过去做校对员。结果她校对稿子时间用得最多，出错率还最高，勉强干了半年，又被辞退了。

后来陆陆续续地在微博上看到姗姗的情况，她频繁换工作，最后回了老家，结婚生孩子，几年后又离婚了。有段时间她总是与我视频通话，抱怨自己命不好，诸事不顺，发誓要振作起来，努力改善自己的生活。我看见她坐在床上，身后的房间乱七八糟，桌上堆着一堆还没收拾的瓜子壳……

姗姗问我，这些年掉的坑太多了，要不要痛定思痛，把各种失败的原因都好好总结一番，从头再来？

我心说，你想多了。

本来很简单的事，硬生生地被你搞复杂了。她现在最需要的事，不是坐在家里思考人生，而是早点儿起床，洗个脸，出门找份工作好好干。

一个人如果连工作都做不好，人生又怎么可能美好呢？

我有一个女性朋友，在一家公司做HR（人力资源顾问），她告诉我，总有一类人，选择工作岗位的顺序，正好与挣钱多少是相反的，怪了！比如他们不挑底薪最高的培训顾问或者项目销售，往往愿意做行政或者文员。

其实，这些人是按照工作的压力大小来选择的，也就是说，压力小，不累的工作是首选，即使工资低，发展空间小也能接受。女友说，我真为他们的未来担心，如果在工作上图清闲，尽自己最大的可能规避辛苦和压力，他们以后的人生不但很难美好，还有可能会遇到大麻烦。

我们每个人，都需要事业、爱情和令自己心动的生活方式来激活自己的生命能量，让自己有更强的动力去完成更多有意义、有意思的事，为生命创造更多的可能性，让生活过得更丰富和有意义，这才叫没有白活。

相较于其他事情，事业的成功带给我们的成就感和满足感是持久的。一个人事业成功了，就意味着自己的付出是有收获的，在自己的工作领域能够被人认可、肯定，证明自己对社会、对他人是有贡献的，这种幸福感是无穷尽的。

简单,
应对复杂世界的利器

3

美国汽车大王福特曾说:"工作是你可以依靠的东西,是个可以终身信赖且永远不会背弃你的朋友。"是的,谁都有可能辜负你,但是工作永远不会。即使你不能像恋爱一样去工作,也必须要知道,工作是你赖以生存的指望,是安身立命的基础。

也许一开始,你进了一家不错的公司,拿着稳定的薪水,工作起来胸有成竹,很得领导的欣赏,可是,突然有一天,你发现周一越来越不想上班,这份工作你一分钟都不想再做,因为它不是你的兴趣所在,你的梦想似乎在每天上班下班的打卡中消磨殆尽,没有兴趣支撑的工作已经变成了你的拖累。

如果你的工作就是你的兴趣所在,那么恭喜了,你拥有了一份不可多得的幸运;但如果不巧,暂时不能按自己的兴趣去选择职业,或者逐渐对工作失去了兴趣,工作只是一个谋生手段,那么也要安于工作,用这份工作的收入来保证物质生活的同时,业余时间也要多充电储备,充实自己,提高技能来发展自己的兴趣,当机会来临的时候,才不会错过。

当然,也可以把兴趣转化为爱好,按兴趣去工作可能更容易成功,工作也可能变得更加快乐,但这绝不是让自己幸福快乐的唯一途径。

我们这个时代,正在悄然流行着一种"丧文化"。很多年轻人都在说"何以解忧，唯有佛系"。他们念叨着平平淡淡才是真，在最应该吃苦的年纪选择了安逸，玩游戏、泡夜店挥霍自己最好的年华。

我觉得，对生命而言，过度的"丧"不啻一场灾难。所谓平平淡淡才是真，只不过是出于懒惰和逃避给这句话偷换了概念，安于平淡是一种宠辱不惊的心态，平淡不等于平庸，更不等于混吃等死。只有努力奋斗的人，才会奋力想要一个更趋优越光明的生活环境。

别再被"佛系"洗脑了，或许人家在朋友圈里天天佛系，背着人却在天天向上呢？

一个对工作不走心的人，做什么事情都不会投入真心。走心之人心灵和物质都收获多多，而无心之人心灵和物质都必将匮乏。

人活着，真正的幸福感必须来自自己的努力，美好的生活是每一天都用自己的优势去创造真实的幸福和丰富的满足感。好好工作，对自我接纳的欣喜和成长的快乐，对生命有积极的探索和热情的行动，你自然会越努力越幸福。

脚下的坚冰，终究要自己破

我曾经到一个朋友的公司临时帮忙，参与策划一套图书。短短一周，就发现一个姑娘的处境十分不妙。这个姑娘的职位是后勤，由于工作性质的关系，她与公司里的每个员工都有频繁的互动。据我观察，她几乎是没有一天不出错的，不是忘记接收别人传给她的文件，就是没有及时处理邮件，再不就是对账单写错了，发货单填错了……

因为她的工作与所有人都有衔接，所以她的纰漏总是会影响到他人。比如对账单填错了，总账的数额对不上，其他发行人员就得配合她一张一张地检查，有时候甚至要重新核对整整一个季度的账。有时候还会填错发货单，客户收到错的货物，找到发行员，发行员找到库管，库管再找到她，发现问题又出在她这里。

一来二去的，既增加了别人的工作量，还影响了整个团队的工作进度。去找老板反映的人越来越多，不知道为什么，老板总是袒护她，比如她忘记接收文件，老板就会说："既然是这样，以后你发完文件再向她确认一次。"这话说的，好像忘记接收文件不是她的错，而是因为发文件的人没有及时确认。大伙儿觉得正义得不到伸张，先是怨声载道，后来发展到指桑骂槐，甚至摔鼠标发泄怨气，到最后，似乎气氛突然平静下来了，再也没有人跟她说话了，她成了办公室的公愤级人物，大家饭局不叫她，春游也不带她，所有的交流仅限于网上，发了文件就在QQ上不停地发抖动，一直抖到她接收了为止。

我在一旁冷眼旁观，在这种被封杀的处境里，她的处理方式也比较奇葩。有时候她为了订一张机票，会打整整一下午的电话，给航空公司的订票中心打，给各大订票网站打，甚至给旅行社打。她用这种方式向大家表明，我很忙，你们不理我，我还没空搭理你们呢！午休时间，她常常在茶水间里讲手机，与朋友闲聊，为约在哪里吃晚饭能商量一个小时，下班时间一到，就拎着包昂首挺胸地走了。

我去问老板，也就是我的朋友，明明这个姑娘不能胜任，为什么还总是袒护她呢？朋友说，在他们公司，后勤的工作确实比较烦琐，这位后勤做了整整七年，才算精通了所有业务，再来一个新人，还要重新学习、适应，也许还不如现在这个呢，所以他还想给她点儿时间。

职场、冷、暴力——当原本毫不搭边的三个词凑到一块儿时，杀伤力极大。

据一家招聘网站调查，职场中，近70%的人遭遇过冷暴力，有20%的人不堪忍受而辞职。职场冷暴力一直是某些公司离职率居高不下的罪魁祸首。

70%的人都遭遇过，这冷暴力还真是够冷的。

职场冷暴力常见的表现形式有：态度疏离、拒绝交流、交流时冷嘲热讽、工作中不合作。它使人在心理上压抑郁闷，却难以被外界察觉。形式比较隐蔽，破坏力却极大。而且越是在高收入、高学历的白领群体中，职场冷暴力越是常见，因为这类人更加注重精神上的认同。

在职场中遇到每种困境，解决方案都不一样，而面对职场冷暴力，则要有热反应，积极想办法应对，才能早日"解冻"。也就是说，万一不幸被冰封雪藏，只能自己想办法奋力破冰而出，绝不能指望别人良心发现主动向你伸出橄榄枝。

一般来说，冷暴力虽然冷，但不会是无缘无故产生的。追根溯源，只有弄清原因才能有的放矢地制订解决方案。本着勇于自省的原则，先要检讨自身的问题，被冷暴力也不一定全是因为同事苛刻，可能自己确实存在某些不足。

对于上文中提到的这个姑娘来说，要想从冷暴力中解脱出来，当务之急不是改善人际关系，而是提升个人能力。仗着老板宽容，采取这种以冷制冷的态度绝对是要不得的。我们都知道，无论什么事情，都是做得越好，麻烦越少。自己强大才能让对手忌惮，这是个颠扑不破的千古真理。先要强身健体，才能增强免疫力。自己像个破鸡蛋似的，一身都是缝，怎么能怪苍蝇来叮？与其浪费一下午的时间打无效电话，还不如沉下心来好好钻研业务。要想改善处境，没有其他捷径，只有努力、努力、再努力，重要的话说三遍！

如果工作做得很漂亮，还是被孤立，那就得想其他的办法了。既然人际关系是个网，那么这张网上就有很多个点，并非是一对一的关系。不要幻想着与整个集体对抗，老祖宗通过寓言就告诉过我们，掰断一根筷子比掰断一把筷子要容易多了，他们要是抱团儿对付你，你就要想办法"逐个击破"。"团结就是力量"的反面就是"人多，破绽就多"，可以从比较容易"下手"的同事开始，找到突破口，改善你与同事间的关系。

面对冷暴力，一走了之是逃避问题的"鸵鸟心态"，困守亦非良策。不要抱怨，你所要做的就是努力提升自己，在升级打怪的过程中，不断升级装备，提高战力指数，积极想办法自救，然后从对手的薄弱环节入手，逐步瓦解他们的冰雪阵营。

找出内心真正的所需所愿

我朋友小夏，辞职去读MBA（工商管理硕士），日子过得很是悠闲，每天上上课，读读书，在朋友圈中秀秀自己最近看了什么电影，烘焙了什么好吃的点心，养了郁郁葱葱的绿植，隔段时间跟朋友们吃个饭、做做SPA（水疗养生），滋润得不得了。有一天她突然发现，有几个相熟的朋友，已经有很长一段时间不叫她一起玩了，给他们发微信，发现并没有被拉黑，但是被设置了分组，屏幕上出现一条尴尬的黑线，他们屏蔽了她的朋友圈。

"我什么地方做错了吗？"她闷闷不乐地说。

她大概就错在活得太舒服了，显然，有些人不想看她整天那么悠闲，所以小夏被他们集体冷落了。听起来很幼稚，但是这种奇葩行为，在成年人的交际圈中屡见不鲜。友谊的小船说翻就翻，你还在茫然无措，人家已经咬牙切齿了。

谁活着都不容易，再光鲜的人生，背后都有"不足为外人道"

的艰辛，没有人能随随便便成功，所以老祖宗告诉我们，别光看贼吃肉，贼还经常挨打呢！

比如屏蔽小夏的那些人，看着她整天享受生活，不用上班也有钱花，看看自己天天加班，辛苦奔波，心里就不平衡了。但作为朋友，难道他们不知道吗，小夏在过去长达十年的职业生涯里，休假的时间一年加起来还不超过一个月，每天都像个空中飞人一样飞来飞去，世界各地出差，他们在家里酣然入梦的时候，小夏可能还一身疲惫地坐着"红眼航班"呢！

有一次，她在深夜回家遇到抢劫，为了保护笔记本电脑里的重要资料，她死死拉着歹徒不撒手，被拖了几十米，浑身都是伤。如此血拼了十年，才换来这几年一边充电一边休息的安逸生活。

不停地与身边的人比较，只能使人际关系恶化和变质。因为是朋友，就非要把对方的生活当作参照物，把人家的生活水准当成自己幸福与否的标准，这不就是自取其扰吗？

这样的人，最大的问题就是不喜欢自己，对自己的生活现状也不满。如果我们喜欢自己，就不需要从外在寻找东西来填补，也就不必对他人的成就表示不服气和不认同，冒出你凭什么过得比我好的念头。

不与别人攀比，不等于不追求更好的生活。想过好日子，这样的追求本质上是无可厚非的。追求更美好的生活，一直是人类的本性，对人性进行谴责是不道德的。如果没有想过好日子这种欲求，我们也许还停留在原始社会呢！但是要搞明白，想要的东西，是真正提高了你的生活品质，还是仅仅满足了你的虚荣心？

虚荣对人际关系有害无益，对想要过好日子的愿望也没有帮助。虚荣的最大表现就是爱横向比较，通俗地说就是喜欢与其他人比较，例如，有的姑娘节衣缩食吃了两个月泡面买了一个名牌包，她明知道自己并不需要这个包，这个包也不能帮她过上好日子，买下它只有一个原因：受不了"别人有我没有"的事实。横向比较很容易让人迷失，陷入嫉妒或是其他任何可能潜在地毁了你人际关系的负面情绪。

还有一种比较是纵向比较，纵向比较就是跟自己比，跟自己的过去比，找到自己一天天一年年的变化，以进步的心态鼓励自己。与其与别人比，在无数个黑夜里咬碎银牙，不如腾出一些时间，安静下来，感知自己的感觉并标注出来。然后问自己一些问题，如"生活中最想改善的部分是什么？""这种感觉让我想起了什么？"在扪心自问时写下真实的答案，从而得以窥见自己内心真正需要治愈的地方。

你肯定比任何人都知道自己内心深处真正的愿望：想换一个更大的房子，还是在工作上更进一步，抑或是通过专业技能的考试，还是开一家自己喜欢的店。找出根本问题，找出自己内心真正的所需所愿，然后你才能全力以赴，向困难挑战，并投身于改善自己生活的事业中去。

　　我经常想，人生苦短，究竟怎样才算是对自己好？在我看来，买柔软的毛巾和舒服的拖鞋，买高品质的睡衣和床单，未必比买名牌包包、昂贵的时装差；握着一个白瓷杯，悠闲地喝个下午茶，也许比穿着晚礼服、踩着高跟鞋、握着酒杯喝红酒更自在；在阳台上养满绿色的植物，不一定就比满抽屉的珠宝掉价。

　　这个世界上，有很多精彩的人生，背起背包去远足是一种人生，踏板冲浪是一种人生，采菊东篱下是一种人生，发奋工作取得耀眼成就也是一种人生……

　　我们不可能把每种人生都过一遍，一个人想要过得好，就不能被大千世界中的乱花迷住了眼，忠实自己的内心，剔除过多的欲望，简化目标，知道自己最想过哪种生活，然后专注于自己脚下的路。

　　人生是一条单行线，逝去的时光不会回头。怎样在有限的时间里，排除干扰，找出内心真正的所需所愿，实现美好的生活和心灵的自由，才是最重要的课题。愿我们都能轻装上阵，快马前行。

做人，不能总在同一个地方跌倒

有一段时间，我特别喜欢女作家萧红。这位女作者，才华横溢却命运多舛，生平遭遇令人扼腕。喜欢一个人就忍不住去探究她，忍不住去想，以她的才华和聪明，似乎可以有更好的生活，却为什么总是在同一个地方跌倒呢？为什么总是踏进同一个泥淖？

萧红自己是怎么说的呢？她不止一次地说过："我最大的悲哀与痛苦，便是做了女人，我一生最大的痛苦与不幸都是因为我是女人。""我为什么生下来就是一个女人呢？……我败就败在是个女人上。"

或许人容易陷入当局者迷的困境，萧红认为她的不幸均来自她是一个女人，而我们这些后来的人隔着很多年的时光，以旁观者的角度去看待她的人生,总觉得,很多噩运,其实是她自己主动选择的。

当然，对于萧红的女性意识，不能以今天的时代标准去评判。战争、乱世、专制的男权社会，对于追求自由和独立的女人来说，生存空间确实是太狭窄了。但是话又说回来，在那个乱世中，谁不是朝不保夕呢？一个人的际遇如何，有时代的因素，有环境的影响，也有自身的原因。萧红一生颠沛流离，用她自己的话说就是"半生受尽冷遇和白眼"，之所以会这样，我觉得更多的是她自己的原因。她内心有狂热的独立自主的需求，却在面临困境时缺乏冷静的头脑和无畏的勇气，所以她解决问题的方式总显得那么仓皇和被动，而每次在日子过得稍微像样一些之后，又迅速地把自己放逐于未知之中，她所做的那些选择，怎么看都是凶多吉少，感觉像是一错再错。

在我看来，萧红最大的不幸，还不是她饥寒交迫的生活和不顺遂的情感，而是到了今天，她的私生活，仍然比她的才华、她的作品，更能吸引大众。她的某部传记电影，海报设计得像情色片一样。

如果一个人总在命运的泥淖中苦苦挣扎，一次次站起来又一次次跌倒，浑身沾满冰冷的泥水，就该考虑一个问题：命运多舛到底是天生的，还是自找的？

坏际遇、坏婚姻、坏男人、坏上司、坏朋友……往往都是人生最好的老师。生活中一段不良的关系或一段不好的际遇，给我们带来伤害和痛苦的同时，也蕴含着营养，就看你能不能汲取。

德国精神医学博士弗兰克说过：如果能在痛苦中发现其意义，

痛苦就是值得承担的负荷。

有人说人生就像一场大型的考试，怎么可能每道题都答对？从失败中学经验，才能减小再次失误的概率。每当遇上挫折、危机和困境时，不妨自问一下，这让我学到了什么？如果确实汲取了教训，就能顺利通过考试，不再重蹈覆辙。不重蹈覆辙——这也是从失败到成功的捷径。

可惜，好了伤疤忘了疼是世人最易犯的错误。比如一些女孩子总是不停地爱上"坏男人"，每一段恋情都以同样的情形悲伤结束；有些"职场跳蚤"不断跳槽，在每一家单位都因为同一种原因失落逃离……老话说"吃一堑，长一智"，但是很多人却一直在重复着似曾相识的不幸。

如果人人都能懂得记住第一次的教训，从伤害的经验中学习，就可以将伤害变为成长的养分，将劣势转为优势。

有人说，做人不是应该及时放下吗？伤疤都好了，还记得那点儿疼，怎么能轻装上阵？

在这里不要偷换概念，放下跟记吃不记打不是一码事。放下的，是心灵上的负担，记住的，是失败换来的经验教训。还有什么东西比你用吃亏上当、受苦受疼得来的感悟更珍贵呢？吃一百个豆都不嫌腥的人，下场就是永远在犯一些重复性的错误，陷入恶性循环的烂泥潭中不能自拔。

确实，有时候从挫折中得到的领悟，比一张哈佛大学的毕业证还实用。没有人从来都不犯错，知道自己错在何处，知道症结所在，知道如何重来才是重要的。不犯错的人生怎么能叫人生，不吸取教训的人怎么能叫聪明人？

就喜欢你看不惯我又干不掉我的样子

多年以前，我在一家杂志社做编辑，公司里除了一个美工和一个发行员是男的，其他员工清一色的娘子军。我们部门有三个人，我和另外两个女编辑。三个人在工作上合作还算默契，平时相处得也算融洽。每天下班后三个人一起去坐地铁，杂志社距离地铁站大概两个公交站的距离，我们一般都是步行去地铁站，路上聊聊八卦，调侃调侃老板，给仅有的两个男同事起起绰号，有时候也在路边的咖啡馆小坐一会儿，或者一起吃顿晚饭。我一直以为，这段下班后的地铁时光相当惬意，直到有一天。

那天，A编辑有事请假没来上班，只有我跟B编辑一起去坐地铁，路上，B突然对我说，你知道吗，A要跳槽了。我说不知道哦。她说，A是一颗红心，两手准备，在咱们这上班，背地里又偷偷到另外一家杂志社应聘，面试复试都过了，就差体检了，如果不出意外，她应该很快就不在这里了。我问，你是怎么知道的？她嘴一撇，那家杂志社主编是我同学，没办法，圈子就这么大。我叹气道，她一走，咱俩的工作量就大了，应该提前打个招呼的。B说，她不可能提前打招呼，万一走不成怎么办，这个人阴得很的……余下来的部分，已经与跳槽没什么关系了，基本属于人身攻击的范畴。

不知道B编辑的这个消息是否属实，但是A编辑终归没有走。过了段时间，有一天B编辑没来上班，我又跟A编辑一起去坐地铁。路上，A神秘兮兮地对我说，你知道B的老公是做什么的吗？我说，不是自己开公司吗？A说，说是自己开公司，实际上只是有两三个人的工作室。我说，听说很赚钱。A眼一瞪，听谁说的？不就是听她说的，这个人虚荣得不要不要的，她老公的公司根本就不赚钱，有时还要她用工资补贴呢。她还说她家有大房子呢，其实那个房子周边环境特别差，出门就堵车。我说，现在北京哪儿不堵啊！A说，可是她家那个地方离一个垃圾焚烧场特别近，一到下午焚烧垃圾，味道特难闻。这些都不算什么，关键是她老公对她不好，一吵架就动手打她，有一次把她的眼镜都打坏了，她那几天只好戴隐形眼镜上班，你没发现她气色超级差吗，都是靠化妆，一看就不是有钱省心的命……

我听得瞠目结舌，平时光鲜漂亮的B编辑在A口中简直是活在地狱里啊，住在垃圾场边儿上，老公吃软饭，动不动还被家暴，这日子还有法过吗？

几天以后，杂志社公布了一个消息，主编离职了，要在内部评选一个新主编。我恍然大悟，A和B都比我资深，都有希望当上主编，她们突然一反常态地攻击对方，是想拉最没希望升职的我站队，在评选的时候投她们一票。

我有点儿心凉，原来一直以为团结和睦的"三人行"，实际上是一个钩心斗角的小团体。

多年前，我还在读中学时有两个好朋友，我们三个几乎是形影不离，亲密到无话不说，可是，我和其中一个女孩单独在一起的时候，总是有意无意地说另一个女孩的坏话，我们说她脸型长得不好看，头发颜色太黄，说她太邋遢，课桌总是乱乱的，校服一周才洗一次……后来，不知道什么原因，那个女孩渐渐与我们俩疏远了，再后来她去西安上大学，与我们彻底断了联系。

多年以后我问自己，那时候是怎么想的？为什么那么乐于讲自己朋友的坏话，对她的小缺点津津乐道，对她生活中的一些不如意幸灾乐祸？难道我是想借由攻击一个朋友，而拉近与另一个朋友的距离？还是担心某天她们两个走得太近，把我排斥在外？我在三个人的关系中，有隐约的危机感？

这一点，被心理学家证实了。心理学家认为，很多时候，攻击别人是一种心理手段，因为分享憎恨比分享快乐更容易拉近两人的心理距离，是新关系建立的关键。所以，如果再有人在你面前疯狂吐槽他人，也见怪不怪了，反正我们每个人，早晚都会成为被吐槽的对象。

心理学家曾经公布了一个研究结果，当遇到威胁和压力时，除了战斗或者逃跑，人们还有一种应激反应，就是结盟。危急时刻，有些人倾向于联合互救，抱团渡过危机。

对于这些人来说，在群体中的盟友关系是非常重要的。如果在一个群体中没有盟友，那就意味着自己是在孤军奋战，顿觉失掉力量和安全感。所以，他们害怕被群体抛弃，害怕被盟友孤立，要努力地和群体中的每个人建立联结。

作为盟友，我们有共同的秘密，有共享的资源，有可以分享的情绪，而且最重要的是，孤立共同的"敌人"，使我们彼此的关系更加亲密。攻击别人成为建立盟友的有效手段——这意味着咱们俩是一个战壕里的。

越是喜欢攻击他人的人，越是说明他在群体中没有安全感。担心自己成为那个被孤立的人，要先下手为强，组建自己的强大同盟军。

我们暂且不谈一旦不幸被"攻击"该怎么解决，先聊聊自己怎么做到不去"攻击"别人，经营一个真正充满爱的联结的人际关系。

与其像后宫剧中揣着一万个坏心眼儿的小主一样，整天忙着钩心斗角，不如先学习从良好的人际关系中获得温暖、爱、归属与安全感，因为这才是我们内心深处最需要的慰藉。

热衷于钩心斗角，往往并不是因为当下的问题只有靠钩心斗角才能解决，而是因为自己内心缺乏安全感。据说一个人一岁以前的生活经历对其安全感的形成至关重要，但是，我们不可能回到一岁前被母亲重新养育一遍，成人世界的安全感只能靠自己去构建。

在获取职场安全感的道路上，很多人都走进了误区，觉得江湖如此险恶，没有点儿心机怎么混？近几年，这方面的影视作品特别多，后宫剧中的女人们以命相搏，现代剧中的女人们尔虞我诈，似乎正正常常做人就会吃大亏似的，只有殚精竭虑、机关算尽才能披荆斩棘，一路踩着对手的尸体成为人生赢家。殊不知，人生不是诈金花，没有一手好牌，故弄多少玄虚也只是个小丑，一出手就会被人识破。

一个人把时间用在什么地方，得到的回报自然不一样。如果能够从那些狗血剧中抽身而出，如果把那些搞办公室政治的时间，打探小道消息的时间，攀附关系的时间，说别人坏话的时间，都用来提升自己，以不足的安全感作为动力，去争取些东西，给自己加码，拿一手好牌，反馈给内心，来增强自己的安全感——你就有机会在竞争的过程中，逐渐变成一个很棒的自己。你觉得自己的能力变强了，自然也就不那么焦虑了。

内心变得从容笃定以后，再回过头来，重新审视自己的人际关系，重新定位自己在关系中的位置，是一个钩心斗角的反派敌人，还是一个值得信赖的朋友？

好的人际关系离不开关系双方的信任和互相支持。怎么才能取得对方的信任并获得支持呢？我曾经向一位人际关系方面的演讲大师请教过这个问题。

答案其实很简单：请他帮忙。从心理学上说，人都有助人的需要。找一件无关紧要的小事请他帮忙，回头再去致谢，一来一往，关系就拉近了很多。与其靠诋毁别人来结交盟友，不如在互帮互助中变得亲密。或许你有自己更好的办法和方式，但我们的原则肯定是一样的，用更积极的手段经营人际关系。良好的人际关系是社会支持系统的重要组成部分，建立一个充满爱的联结的支持系统，内心的孤独感才会减少，安全感也会随之增加。

总之，克服负面情绪、与不安全感和睦相处、努力提升个人能力和积极维系人际关系。如果能做到这四点，绝对就是一个成熟的职场人，不卑不亢，不忧不惧，越来越顺利的职业生涯就会在你面前，缓缓地铺陈开来。

你努力的样子，看起来好美

在网上看到一则新闻，某市把各个路桥的人工收费站取消了，本来是件大快人心的好事，却有人伤心地哭了。谁？收费站的工作人员。

人工收费站取消了，收费员也就失业了。虽然按照《劳动法》，国家给予了经济补偿，但毕竟失去了长期的饭碗，这些人把领导团团围住，要讨一个说法，其中一个中年女子振振有词："我今年36了，我的青春都交给收费站了，我现在什么也不会，也没人喜欢我们，我也学不了什么东西了。"

言外之意，我这一生只能收费，如今无费可收，我的职业生涯就到了尽头。

这种新闻，不知道该算新闻还是笑话？

一个36岁的人，怎么好意思说出"我也学不了什么东西了"，而且，觉得自己在未来的道路上，根本不会被别人喜欢和欢迎。她的问题根本不在于年龄，而是在于她从干上收费这份工作的第一天起，就不打算再学习任何东西了，她这一辈子吃定收费这碗饭了。

有人说，体制内的"铁饭碗"给了她稳定和安全的错觉，所以在变化来临的时候才猝不及防。

所谓"铁饭碗"，不是在一个地方吃一辈子，而是走到哪儿都有饭吃。

在这个瞬息万变的时代，一个不学习、不成长的人，几乎没有抵御变故和风险的能力。给他们一个"金饭碗"，也未必端得稳。

我认识的作家韩松落，曾经也是一个体制内的公务员，除了上班，他的业余时间几乎都用来读书写作，他写影评、写娱乐、写专栏，渐渐地有了些名气。同事都不知道这个整天跟他们一起上下班的小伙子，就是杂志上那个很有名的专栏作家。写作除了带给他更加丰厚的收入之外，还给了更加高远的视角，他想了想，主动扔掉了自己的"铁饭碗"，投身到更广阔的天地中去了。

他说，自己一开始也走得磕磕绊绊，把香港电视广播有限公司TVB写成TBV，这种硬伤，编辑提醒他的时候，他羞成大红脸。潜下心来认真钻研，十几年写下来，已经写得远近闻名，但他本人仍然没有停止学习。

同样都是体制内的人，有人就能跳出安逸的环境，给生活引入活水，为生命创造更多的生机，而有的人则越活越枯萎，把自己局限得越来越死。

简单，
应对复杂世界的利器

我们知道，孩子的学习能力通常都很强，因为他们有一颗好奇心，对世界充满了探索欲。

每个孩子在生长发育的过程中，一直保持着一种生发之势，他们的生命就像春天一样，万物萌发，生机勃勃，这种势头一直保持到成年。

在我看来，在生理上停止生长之后，还有一种方法，能让每个人继续保持生发之势，向上生长，不断挑战衰老的极限，那就是学习。

当一个人放弃学习，放弃成长了，他的生发之势就没有了，自然就只剩下颓势了。

如果一个人对新鲜的事情不再有好奇心，不再感兴趣，甚至开始抵制，也不想再学点儿什么新东西，解锁什么新技能，那么他就走上了衰退之路。一个人变老不是从长第一道皱纹开始，也不是生出第一根白发开始，是从不再有学习欲开始的。所以，罗曼·罗兰才说，很多人在30岁时就死去了。

终身学习是永葆青春的唯一方法。

不信的话，你可以留意一下，那些在生活中学习能力很强的人，看起来都比同龄人年轻。

比如说我爸，是一个典型的"不服老"的人，他最讨厌别人把他当成一个老朽来看待，不但在穿衣风格上贴近年轻人，还紧跟时代的新事物，生怕一不小心被甩在后面。

有一次，我心血来潮想搞个恶作剧，把手机和电视设置成双屏互动，在楼上用手机遥控电视，我爸在楼下的客厅里哇哇大叫，他看电视图像胡乱切换，以为电视坏掉了呢。

被我捉弄之后，他很气愤，第二天就把老年手机换成了智能手机，一个月后就玩得很溜了。

现在他是小区老年人里的红人，谁想下载个应用，在网上购个物，给手机改个设置，都来找他。

前几天，他还开了个微信公众号，圈了一帮"老年粉"。

我认识的一个姐姐，学的是小语种外语，一天英语也没学过，本来也没觉得什么不好，没想到大学毕业没几年，不懂英语的人就成了半文盲，姐姐发现，她真的落伍了，连三岁儿子的英语都辅导不了。

一次偶然的机会，我和她一起去大学校园里参加一个活动，主持人邀请大家互动做游戏，其中有很多都是刚来中国的外国留学生，对主持人说的话听得似懂非懂，一脸茫然。我发现这个姐姐坐在墙角，一直在跟她身边的外国妹子嘀嘀咕咕，挺好奇她们在说什么，走过去一听，下巴差点儿惊掉，姐姐逐字逐句地把主持人讲解的规则，用英文翻译给了外国妹子。

回家的路上，我问她："一个连26个字母都没学过的人，怎么突然飙起了满口英语，你难道'歪果仁'附体了？"

姐姐说："随便学了学，没办法，为了辅导孩子，你不知道现在养小孩有多麻烦，每次上完英语课，老师都要留作业，需要家长辅助进行英语对话，拍成视频发给老师。"

"随便学了学就能进行口语交流，肯定有什么妙招吧？"

"哪有什么妙招，我对自己的要求也不高，毕竟三十好几了，也学不好了，能开口说说就行了。"

有多少人学了好几年还是哑巴英语，她这么谦虚是不是故意拉仇恨呢？

"怎么学的？"我脑补出"头悬梁，锥刺股"的画面。

"有时间就看美剧，《绝望主妇》十季刷上几十遍，把每句台词都背下来，再跟着网络课程学学语法，这样就差不多了，我也不参加什么考级，就偷偷懒吧，如此而已。"

整整十季的《绝望主妇》刷了几十遍，把每一句台词都背了下来，这绝对得是两年以上锲而不舍的工夫，这还叫偷懒？

这个姐姐和我爸，他们都是同一类人，虽然都普普通通，但是学习力超强，令我特别敬佩。虽然这种学习力不一定能让他们取得什么耀眼的成就，但是在人群中，绝对能够脱颖而出，让他们始终能跟住时代的脚步，生活得有滋有味。

时代一直在变化，什么样的人能不惧怕风云变幻，始终在时代舞台上活得游刃有余？自然是一直在学习，能够自我更新，自我迭代的人。通过终身学习，你一天比一天好，一天比一天强，不害怕老之将至，也不担忧生活中会出现天塌地陷的事故，因为你手里握着"镇山法宝"，足以让你活得从容笃定。这个法宝，就是学习和成长的能力。

人在江湖,最高的城府是返璞归真

    Nina(妮娜)大学毕业,正在找工作,她问表姐,什么是职场?表姐说,职场就是一个浓缩的小社会,你在社会上遇到的事情,在职场中都可能会遇到。要搞好职场的人际关系,说难也难,说简单也简单,有时候只要你搞定与身边十几二十个人的关系就OK了。

    Nina心想,凭自己的高智商,搞定十几个人还不是轻而易举,进入职场,虽然不敢说是如鱼得水,但至少也不会举步维艰吧。

    怀揣着这种满满的信心,Nina进入一家知名的电商企业工作,跟表姐在一个公司,不过不在一个部门。很不幸,初入职场,她还真就是举步维艰。她之前在想象中酝酿的那些狡黠的小计谋、小策略、小花招,统统都用不上。感觉自己像被人客客气气地扣进了透明的玻璃盒子,没有人进来,她也出不去。从上司到同事,对待她的态度都是一样的——不理不睬。上司分配的工作,一个人很难独立完成,但没人配合她。在公司的微信群里,就算她插嘴,她的发言下面，必然也是一片默然。

每次的办公室聚会她都硬着头皮参加，担心不参加会让自己更加被孤立。可是不但吃自助餐时被晾在一边，就连大家吃火锅的时候，她也是那个头上顶着隐形草的透明人。这种说不清道不明的感觉真是让她憋屈死了，就算被打入冷宫的妃子也不过如此了吧？她不知道该如何改善这种情况，好像每个人的眼光在她脸上轻轻瞥一下就掠过去了，那种疏离的眼神清清楚楚地告诉她，你这种菜鸟跟我们压根儿就不是一个段位的，我们都不屑跟你斗。她本来以为自己就算当不上主角，也应该能混个配角吧，结果却发现自己只是个跑龙套演死尸的，那种挫败感就别提了。

挨了两个月，Nina觉得自己浑身的力气被消耗得差不多了，被折磨得内分泌失调。她陷入了深深的迷茫和沮丧中。终于在一天晚上，她跑到表姐家痛哭流涕，哭诉人情竟是如此淡漠，人生竟然如此凄凉，遍地虱子，没有华袍。表姐啼笑皆非，不明白她上个班怎么还上出悲壮来了。

刚入职就遭遇了职场冷暴力，Nina到底做错了什么，这醋打哪儿酸，盐从哪儿咸呢？表姐看着Nina哭得梨花带雨的样子，决定出手帮她一把。

表姐到底比Nina要老练多了，她一出马，很快就搞清楚了状况。原来事情是这样的，Nina上班的第一天，是个周五，早晨一到公司，她就发现办公桌上放着一小袋喜糖，问了别人，原来是公司人力资源部的刘小姐要结婚，邀请同事们参加第二天的婚礼。Nina觉得自己刚来，还不认识刘小姐，这事儿跟自己没什么关系，就没放在心上，自然也就没去参加婚礼。她不知道，跟她同一天进公司的其他三个新人都去了，而且每人都送了一个厚厚的大红包。刘小姐在公司的职位虽然只是一个普通的HR，但她与老板的私交非常不普通，她是公司的元老，为老板组建团队立下过汗马功劳。在工作上，她以脾气火爆、铁面无私而著称，在对员工追责或者"炒鱿鱼"的时候，一个唱红脸，一个唱白脸，是她与老板多年来的默契。除了Nina这种新人，公司每个人都知道刘小姐的江湖地位，星期一上班，刘小姐稍一流露出对Nina的不满，所有擅长察言观色的职场老鸟，立刻齐刷刷地站在刘小姐一边，集体冷落了Nina。

听表姐说完来龙去脉，Nina长吁短叹，才知道自己还是太稚嫩了，看来职场真是一个讲究段位的地方，不小心得罪了一个人，就等于得罪了所有人。老板的红人PK新来的小妹，大家会站在哪一边？这个问题的答案，想都不用想。而像刘小姐这种资深的小心眼儿女人，真是令人防不胜防，稍不留神就踩着她的尾巴了。

Nina也是个聪明的姑娘，知道了事情的原委之后，马上就有了主意。既然这个刘小姐爱占便宜，那就给她点儿便宜占占。第二天她没去上班，请了三天假，说在昆明的舅舅生病了，要去探望，其实她压根儿就没有舅舅。在家里捧着薯片看了三天韩剧后，她抱着一大堆东西去公司了。先送给刘小姐一大包，里面有普洱茶、酸甜角、精油……各种云南土特产，就差没有云南白药了。至于其他同事，Nina也在每个人的桌子上放了一袋鲜花饼。当然她没去云南，这些东西都是在网上买的。

火腿的味道不错，普洱茶也是多年的熟普洱，泡一杯是晶莹剔透的琥珀色，看着心里就透亮，精油也是上好的，这一包东西可有点儿小贵呢。刘小姐的脸色稍一和缓，其他同事也就不愿为难小姑娘了，谁也不愿意给自己拉仇恨不是？何况鲜花饼的味道也不错呢！

一个满怀热情的新人，刚刚踏入职场，就迎头遭了一棒，还真是人生的一大挫折。不过，作为一个职场新鲜人，Nina确实不简单，四两拨千斤，轻松化解困境。

人在江湖，谁都不是金刚不坏之身，经过此事，Nina长了教训。她以前对于所谓的心机、城府、世故都特别不屑，她也不是不舍得给刘小姐送个红包，只是觉得没必要放下身段敷衍。现在Nina明白了，她不能期望每个人的想法都跟她一样，有些人就是喜欢情意充沛、礼尚往来的感觉。Nina从此学会了遇事多想一想，看看别人都怎么做，再决定自己怎么做。这并不代表她从此学会了逢迎和圆滑，在一些必须坚守的事情上，Nina从不放弃原则。日久见人心，渐渐地同事们都喜欢上了这个姑娘，说她既有个性又懂事。

要知道，在如今的社会，说一个人"不懂事"，已经是一句很重的话了。所谓的"懂事"，就是懂人情世故，知道规矩礼数。如果你心思浅薄，只活在自己的世界里，不在乎别人的感受，只能让他人反感，又何谈"双赢"呢？

一直以来，城府就是一把双刃剑。人们一直有一种理解，认为一个人没城府是优点，越没有城府越真诚，越招人喜欢。可没有"剑"的人，遇到危险时无法自卫，除了乞求对方不要拔剑，或者练就天下无敌的逃生轻功，还有别的办法吗？城府其实是防身的武功，你可以不用，但不能没有。

生活就像万花筒一样，变幻出让人眼花缭乱的状况，世界也从来不像我们曾设想的那么简单，既然无法终日躲在安全的壳里，为什么不能正视并适应这个世界呢？一旦明白了世界是复杂的，人性是复杂的，我们就拥有了宽容与智慧，城府可以让我们游刃有余地行走其中。

不是每个人都能修炼出城府来的，就像不是每个学武的人都能练成大师。但是肯定有很多人，因为太过没有城府而吃过苦头。

最有城府的人，是能够将一切尽收眼底，取精华，去繁复，遇事沉着，行事简洁，更为重要的是，还能在这种坦然与冷静下，保持轻松和单纯的心态。

要想达到这种境界，必须有足够的善良和睿智，才可以在掌握一切技巧之后，在拥有度量、谋略和权威的同时，依然保持单纯的心态，内心向阳、正直纯粹，知世故而不世故，历圆滑而弥天真。

第六章

生活：
人生的苦恼多来自复杂，
人生的快乐多源于简单

品位这东西，合适就好

很多年前，我跟几个姑娘合租在北京四环边的一间复式房里，我住二楼的阁楼，冬冷夏热，空间狭窄，但是因为房租便宜，就一直凑合住着。

条件差点儿还好说，最让人难受的是室友们的生活习惯。有个姑娘非常不拘小节，经常把袜子泡在别人的洗脸盆里，甚至随手用别人的牙刷刷牙。

我气不过，天天晚上在被窝里抱着手机吐槽，长篇累牍地在论坛里发帖，控诉自己的不良室友，倒是引起一片共鸣，好多人跟帖抱怨自己的室友。

有一天我突然想，与其整天在网上吐槽而于事无补，能不能想办法改善一下呢？

这个时候，北京的很多楼盘都推出了单身公寓的户型，面积很小，但是地段都不错，精装修，拎包入住，非常方便。我决定贷款买一个这样的小房子，结束租房生涯。

得知我的想法之后，有个朋友大吃一惊，他说："现在买房子不是疯了吗？不要买，不值，相信我，房地产市场就是泡沫经济，房价早晚要一落千丈。"

我犹豫："可是租房也很不方便……"

他说："凑合凑合吧，年轻人哪有资格享受？人的眼光要长远。"

被他这样一说，我顿时纠结。考虑了几天之后，还是想通了。我买房子不是为了投资，仅仅是简单地想对自己好一点，在能力范围之内，努力让自己活得舒服一点。新房子地段好，能省下一半的通勤时间；户型好，有大大的落地窗和充足的阳光。以后就算房价降了，差价就算为提高的生活质量埋单了吧。

一咬牙，我就买了这套房。时间过得很快，房价不降反升，几年后又攒了一些钱，我把小房子卖掉，置换了一套大的。就这样误打误撞，并没有太吃力就给自己安了个小窝。

我那个朋友一直没买房，后来儿子出生了，父母过来帮忙带孩子，一家人挤在出租屋里。当年手里握着的钱尚能付个首付，如今连几平方米都买不到了。房租也随着房价水涨船高，跟我的房贷相差无几，生活越来越难以凑合。

看，凑合的人生观真的是要不得。所谓凑合，就是不珍爱自己，敷衍自己，不把自己当回事儿。如果一个人自己对待自己的生活都如此马马虎虎，得过且过，又怎么能指望生活回馈他更好的结果呢？

简单，
应对复杂世界的利器

我原来养过一只猫，名叫臭咪。养过猫的人都知道，喵星人是非常挑剔的。喵星人的词典里没有"凑合"这个字眼。如果它认定了某个牌子的猫粮，你只能屈从于它的选择。如果你偷懒没给它换猫砂，也不要指望它"老人家"能凑合一下，它可能会借用你的卫生间，甚至会便便到你的床上。

有本书叫《下辈子做猫吧》，书中有这样一段文字："我们是不是有点儿太挑剔了？不是的。我们知道自己喜欢什么，也知道自己不喜欢什么。对于我们不喜欢的二流货色，我们绝不姑息。"

猫是有品位的，在互联网上，猫永远都是一大流量入口，因为猫的性格恰好符合人们要打造的品质生活的定义。

可是我们人有的时候，品位还不如猫。

家里有一个长辈，有一次看见我煞费苦心地挑选一盏智能灯，对我说："我劝你算了！世上的东西，只要给你带来一个方便，必然伴随着一个麻烦，还不够伺候它们的呢！"

我一听，心知这位长辈平时必定是廉价和劣质的东西用多了。没错，坏东西绝对是你伺候它，但是，好东西绝对是它伺候你。

我买了好几个智能感应灯安装在楼梯的墙壁上，晚上上下楼特别方便，从来没感觉到它们给我带来了什么麻烦。

恰恰是一直凑合，才是麻烦的开端。凑合得越厉害，凑合得时间越长，越容易麻烦缠身。

谈恋爱的时候，明明觉得没眼缘，大家都劝，年纪这么大了，别一肚子罗曼蒂克的幻想了，接点地气，凑合凑合得了。于是就凑合着结婚了，婚后发现更不合适，但离婚多麻烦啊，于是凑合着一年一年地过下去。

找工作的时候，明明这份工作不是自己喜欢的，收入也不算太高，但是一想"好歹离家近，也还算稳定"，于是就一年一年地凑合着干下去，不然呢，跳槽不是更麻烦吗？

买房的时候，虽然地段不太好，小区环境也一般，但是一想，"好房子价格多贵啊，还贷的压力太大了，不如凑合一下吧。"入住后发现物业服务不好，房子质量一般，但是换房不是更麻烦吗？于是一年一年地凑合着住下去。

以上种种，皆属于凑合的人生。问题是，今天因为这事凑合凑合，明天又因为那事再凑合凑合，导致一辈子都活在凑合之中。人生本来就很短暂，每一天都要好好地过，哪能总是凑合呢？

要想过上简单高效的生活，"凑合"是必须消灭的大敌。

有些事情，该讲究就得讲究，有些东西，该换就得换。

有太多凑合着过日子的人，实际上是缺乏勇气的表现。不愿改变现状，是怕付出？怕花钱？怕失败？须知你的时间和精力，付出不付出，都会流逝，早付出，说不定还能够早一些得到收益。至于怕花钱，试图依靠降低生活质量来省钱，真不如努力去赚钱提高生活质量更靠谱。

如果一个人的身心总是在凑合中感到不舒适，那么他这一生必定活得不舒展。凑合是一种非常局促的人生观，抱着这种观念不撒手，格局永远都会非常逼仄，又哪有什么成功可言呢？

惠普公司历史上第一位女CEO卡莉·菲奥莉娜说："我做任何事情，都要求自己达到第一流的标准。坐飞机我从来都坐头等舱。饭店我也会选最好的。我的公司一定在当地最好的写字楼，这并不是我追求享受，我就是觉得那样的地方才与我优秀的心思相配。"

就是这样，环绕在身边的一切造就了我们。我们吃的是精良食物还是垃圾食品，决定了我们身体的健康程度；我们穿的衣服是精致还是粗糙，影响着我们展现在人前的形象；我们挑选的伴侣，更是彰显着我们的终极品位……

精彩的人生，就是不凑合。人生就怕凑合，一凑合，标准就低了，心气儿也就没了，努力就不够了。

告诉自己，你配得上优质的物品，你值得拥有最好的。坚持不凑合地过日子，生活才能越来越好。

过分的执念是对自己的伤害

有一部美国电影叫《致命魔术》，整部电影围绕着两个魔术师对魔术的"执念"而展开。

魔术师安杰与波顿都被某种偏执所束缚：一个内心满是仇恨，整天想着复仇，另一个则为神秘的魔术所沉醉。极端的偏执，造成他们无所不用其极，他们不停地斗法，目的是为了战胜对方，甚至是毁灭对方。

波顿追求魔术的极限，他认为魔术师必须一辈子去隐藏自己，欺骗他人，才可以使这个魔术永远让人看不穿。

而安杰本性善良，不愿意杀生，即使魔术表演，也不愿意杀死作为道具的小鸟，但是因为复仇意念太盛而走火入魔，最后也放弃了不杀生的信念。对艺术的执着本来可以让两人更卓越，但是过分的执着最终成了偏执，让他们走上了疯狂的不归路。他们将自己封闭于阴暗的世界里，甚至付出了生命的代价。

心理学家分析过，大多数人或多或少都会存在偏执的因子。偏执作为一种人格倾向，就像地心引力一样令人无法抗拒。不过，恰到好处的偏执不但不是心理问题，反而会让你成为理想的追随者，让自己显得个性十足。

很多名人都是因为有些不同于常人的偏执，才达到了一般人难以企及的高度。盘点名人们的那些偏执逸事，简直就是一串疯狂大串烧。

比如画家达利，是举世公认的"偏执狂"，他自己说"我与疯子最大的不同就是我没疯"，达利工作时采用的是著名的"偏执狂批判"——即用狂想方式进行创作。这种特立独行的思维体系，让他达到了事业的巅峰。

比如作家王尔德，这个十九世纪最另类的文坛才子，是个偏执的配色控，对配色有超乎常人的坚持，据说有一次用餐时因为餐盘的颜色与领带颜色不搭，就立马拂袖而去。

有这些名人做典范，偏执似乎成为形容一个人专注和有个性的正面评语，貌似大多数人都号称自己有点儿偏执，环顾四周，时尚偏执狂、发型偏执狂、美甲偏执狂、骨感美人偏执狂……偏执简直就是无处不在。

但是，心理学家认为，过分偏执绝对不是什么好事。偏执是一把双刃剑，往左偏，是执着，往右偏，则成了人格障碍。偏执的人往往会以自我为中心，自以为是、性情多疑、心胸狭隘、好争斗、敏感，对一些常人能够容忍的事情或刺激，不但难以忍受，还会做出过激反应。这种性格往往导致其难以与人相处，成为别人眼中的"大麻烦"。

在人群中，他们总是特立独行，自视甚高，总认为自己正确，错误都是别人的。善于诡辩，即使有时理屈词穷，还要强词夺理。

陷入偏执走不出来的人，时间都浪费在钻牛角尖儿上，手里的选择越来越少，脚下的道路越来越窄，就像钻进瓶子里的章鱼。

生活在大海里的章鱼有一种特殊的生活习性，它们的身体非常柔软，柔软到能把自己挤进很狭小的空间，即使是一个很小的洞，都能够钻过去。渔民根据章鱼的这一习性，将一堆小瓶子串到一起，然后扔进大海。章鱼只要一见到瓶子，就会拼命地往里面钻，不管瓶口多么细小。钻进去以后发现被困住了，就用头拼命撞击瓶底，它们以为只要一直向前就能出去，不知道回头找找瓶口，最后只能成为瓶中之囚，被端上饭桌。

只要一个转身，就能轻轻松松地出来了，真正困住章鱼的，是它自己宁死不回头的思维方式，而不是瓶子。

在生活中，每个人都难免会遭遇到"瓶子"困境，这种境况，困守不是好办法，积极变通也许才能找到出路。如果在困境中还不肯放弃偏执的态度，无异于雪上加霜。

所以心理学家阿德勒说过一句话"吐口水，在他的汤里"，意思是对过于偏执的人，只有这样做才能让他放弃那碗汤。

偏执与执着最大的区别就是，你所谓的坚持并没有让生活变得更美好，更有意义，反而可能更糟糕，更虚无，你的心灵没有感觉到充实和快乐，反而可能焦躁和痛苦。

这种情况下，扔掉你心里那个海市蜃楼吧，不要让它再没完没了地折磨人。接受真实的现实，接受当下的自己，有了这样的觉悟，才能够进一步改善和提升自己。如果我们的心灵无法变通，总是那么固执和僵化，偏执就会像梦魇一样，把生活变成一出虐心剧；只要心念一转，或许天堑就能变成通途。所谓一念地狱，一念天堂，即是如此。

往事如烟好过往事如刀

同事给我讲了一个故事，发生在她公公身上的故事。

她公公年轻的时候，在农村当民办教师，喜欢上了一个下乡的北京知青。那姑娘长得很美，头发又黑又长，编成两条辫子，再用一种新奇的梳法拧在一起，在村里引领了一股时尚，姑娘们纷纷效仿，称为"北京辫儿"。

那个年代的知青恋情，大都是没有结果的，随着返城政策落实，北京姑娘回城了。一晃三十多年过去了，同事的公公一直牵挂着初恋（暗恋），有时提起还伤感不已，虽是陈年旧事，却被岁月渲染得越发唯美了。

念念不忘，必有回响。这句话还挺有道理。

转眼到了微信时代，有一天同事的公公发现自己被拉进一个群，群成员都是当年下乡插过队的老朋友，一个久违的名字，赫然进入他的眼睛。

移动互联网的威力真不是盖的，天涯若比邻。同事的公公激动
地拨通电话，两人聊了三个小时，聊得泪眼模糊。

放下电话后，同事的公公更激动了，原来不是天涯若比邻，是
真正的比邻。北京姑娘回城后当了医生，退休后又被某医院返聘。

因为儿子定居在北京，同事的公公也搬来好几年了。北京姑娘
工作的医院，距离他家不到一公里。

要不说无巧不成书呢！

老头儿精心打扮一番，兴冲冲地去见初恋。

故事到这里就戛然而止了，急得我！

"后来呢？"我问。

"见光死。"同事笑道。

谁说岁月从不败美人？当年的窈窕淑女，如今腰围三尺二。就
算再怎么进行画面重构，老头儿也没法把眼前的胖大妈跟心心念念
的梦中情人对上号。

同事的公公自此放下了一件大半生的心事，他再也不喜欢她了。
也好，心无挂碍，难得自在。

我说："呃，我猜中了过程，但却没有猜中这结局。"

有些情结，真的不能解，一解就变成死结了。

我的另一个同事，给我讲了另一件事情。

她上中学的时候，与一校草两情相悦，两人颜值都颇高，走在一起很有回头率。

少年容易轻言离别，有情人难成眷属。多年以后，一天深夜她突然收到神秘来电，手机那边声音未老，隔着冗长的光阴，她立刻就听出了那是谁。

对方说，找了她很多年，千难万难，最近才得到电话号码。来北京出差，想见见她。

"你在哪？"她问。

"香格里拉。"

她的心猛跳几下。她住在紫竹院路，站在十五楼的天台上，就能看见那家酒店的灯光。

"太晚了，我没车，也不好打车，天气太冷了……"她胡乱地说着理由。

"你不用出来，我去找你，你住哪儿？"

"你来找我？可是我不方便出门。"

对方有点儿急了："真的很想见你一面，告诉我你住哪个小区，我在楼下等你，就见五分钟好不好，扔个垃圾的时间。"

她无奈，说："我准备一下，过一会儿打给你。"

挂了电话，关机。

我很不以为然，都是成年人，见一面又有何妨，就当老友重聚，与往事干杯。

生死不见，反而显得有点儿大动干戈。

她说："你不懂。你不知道我当年多好看。用京剧念白腔说，少年，
待我长发及腰，你没有娶我，今日就不要来找我。"

又狠狠地说"我绝不会给他目睹一个青葱少女变成憔悴大婶的
机会！"

我明白了，这才是重点。

实际上，那天晚上，站在阳台上，对着酒店的窗户，她也长吁
短叹，伤感了大半夜。

多年不见的昔日恋人，最好不要重逢。

多少人爱你青春欢畅的时辰，

爱慕你的美丽，

假意或真心，

只有一个人爱你那朝圣者的灵魂，

爱你衰老了的脸上痛苦的皱纹。

这样的爱情，基本只存在于美妙的诗歌中。

真正的爱情不是应该生死相随，永不变心，即使你变成猪头，
我还是爱你的吗？

实际上，这只是一个美好的愿望。

所有的相遇都是久别重逢，所有的久别重逢都是一种考验。

谁也别高估自己，更别高估别人。

只有与你长相厮守的人，才不会对你变老这件事感到那么惊愕。

既然当初不能在一起，就不要再存任何执念，就像掐掉一根快要燃尽的香烟一样，断了这个瘾头吧。无论多么不舍！

有时候，比扔几件旧东西更难的，是情感上的断舍离。精神上的极简，才是人生最大的奢侈品。

有时候，让你不快乐的，恰恰就是那些不该滋生的妄念。

但如果缘分已尽，还是及早放手为好，否则只会伤人伤己，既没有美满结局，又耽误了大好年华。

一把年纪，谁还没点儿故事，但是成熟，就是要学会翻篇。

在一个极简的人生里，不应该拥挤着那么多前尘旧事。

该过去的就让它们随风而逝，该遗忘的就不要再任凭它占据有限的内心空间。即便是他曾在你心中留下难以磨灭的烙印，即便他曾是你冲动的开始，即便那些事情曾令你心碎。有人说往事如风，有人说往事如烟。如果是这样，一缕清风和一缕轻烟有什么好在意的呢？

很多时候，往事是自己种在自己心里的蛊。一味沉沦，只是给自己找了一个悲伤惆怅的理由。弄不好，本应该淡忘的往事还会变成凌厉的匕首，给今天的你再添一道伤口。让我们学会放下吧，往事如烟是最好的结局，总好过往事如刀。

你只是看上去很努力

在朋友圈里看见有人发新年的心愿，第一条就是：不熬夜！

为什么要说睡眠的事情呢，因为睡眠时间占据了我们三分之一的生命，影响着我们的生活方式，甚至影响着我们的生活质量。一个人活得如何，怎么能不谈睡眠这件大事呢？

以前，有人问我每天几点睡，我说那得取决于手机什么时候没电。

科比有句名言，"你知道洛杉矶凌晨四点是什么样子吗？""凌晨四点的洛杉矶"代表的是科比的努力，凌晨四点的北京，代表的是我的熬夜。如果有人问我见过凌晨四点的北京吗，我只能说都看腻了，那常常是我准备上床睡觉的时间。

对于大多数上班族来说，私人生活从下班后才开始，虽然身体可能有些疲惫，但还要继续熬夜上网、看书、看电影、聚会……非要熬到凌晨一两点才上床，这正是"晚睡强迫症"的典型表现。有什么办法呢？除了从睡眠中挤压出一点时间，没有别的时间可以来做这些事了。某健康论坛曾经做过一项名为"你有没有晚睡强迫症"的网络调查，数千名网友参与调查，根据列出的多项心理"症状"，其中七成人选择"有"。

心理专家从"晚睡强迫症"中总结出三大典型症状：

其一，白天忙工作，晚上忙放松。人在职场，身不由己，压力重重，当牛做马，只有下班后的时间是自己的，应该好好放松才对得起自己。于是，下班回家后，会玩到凌晨一两点，天亮了还是按时起床上班，带着布满血丝的眼睛，哈欠连天地走进办公室，然后不断靠喝咖啡、浓茶或者抽烟提神。

其二，零点前无精打采，零点后精神抖擞。有时候在午夜12点前也会犯困，但就是撑着不睡，过了最困的时候，精神头儿就来了，想睡也睡不着，看书、写文章、和同样有晚睡习惯的朋友上网聊天，忙得不亦乐乎。已经习惯了把事情拖到晚上来做，白天上班满脸倦容、注意力无法集中，工作不拖到最后一刻不做出来，万一有特殊情况就手忙脚乱……有时候会为自己睡得太晚、没有早点完成工作而后悔，可第二天又会不受控制地向深夜靠拢。

其三，直到累得不行才上床。晚上回家后，困倦感立刻成了亢奋，开始上网，或者看小说、看电影。打游戏总想着"下一局就是最后一局"，看连续剧想着"看完这集就睡觉"，结果每次都食言。将熬夜当成习以为常的事情，非要等到身体劳累得不行才恋恋不舍地进入梦乡。

简单，
应对复杂世界的利器

"晚睡强迫症"与失眠有本质区别。失眠是想睡睡不着，强迫性晚睡则是逼着自己保持清醒。通常情况下，强迫性晚睡者并非被生理逼迫而是一种心理需要。

晚睡强迫症也是睡眠障碍的一种，从健康角度讲，是一种不折不扣的健康风险。美国国家健康研究中心的研究成果表明：熬夜是人们向自己健康欠债的一种"赌博"行为，筹码就是"睡眠"。英国心理学专家也认为，睡眠是仅次于健康饮食和体育锻炼的一项直接影响人健康和长寿的因素。多睡一小时，你得到的不只是工作时更加充沛的精力，还有可能挽救你自己的健康。

这种自虐般的晚睡强迫症是怎么造成的呢？心理专家指出两大主要原因，第一是很多人需要用这种"我的时间我做主"的感觉，进行一种心理上的自我肯定。对很多人来说，白天的时间表被工作排得满满的，时间无法由自己掌控，只有到了晚上，才有真正属于自己的时间，做自己喜欢的事情，掌控自己的时间，正是自我肯定的一个表现。

第二个原因是，为压力找个宣泄出口。白天顶着压力为生活奔忙，身心疲惫精神紧张，晚上更需要一点兴奋和刺激，如泡夜店、玩游戏等来发泄压力，缓解心理上的疲劳，但是这些刺激却让人兴奋，不思睡眠。

"晚睡强迫症"是大多数都市生活的人都有的睡眠危机，要撕掉这块狗皮膏药，还得讲究点儿技巧。心理专家推荐了一种名为"暴露不反应"的方法改善晚睡强迫症，这是行为疗法中的一种，可以让人避免习惯性的强迫行为，而以新的、健康的行为取代。比如让一个患有洁癖的强迫症病人摸脏东西，而不去洗手，他的焦虑情绪会在30分钟后自然消退。

　　改变脑部的生化变化，来减少强迫性冲动可能要花上几周或几个月的时间。若想在几分钟或几秒钟内赶走强迫症状，是会让你失望的。在行为治疗当中首先要学习跟自己对话。到了晚上，明明应该上床睡觉时，你的大脑却通知你说：不能睡，你应该……这时候你要明白："这是我的强迫性思考！这不是我，这是强迫症在作祟！"

　　然后将注意力从强迫上转移开，即使是几分钟也行。首先选择某些特定的行为来取代强迫性不睡，例如看几页书，喝杯热饮，洗一个热水澡，点一些助眠的香熏，任何能帮助你睡觉的事情都可以。当大脑再次提醒你说，现在不能睡，不要陷入习惯性的思考，必须告诉自己："我的强迫症又犯了，我必须做其他的事情。"你可以决定"不要"对强迫思考做出反应，你要做自己的主人，不要做强迫症的奴隶！

　　坚持按照这样的步骤进行，你会慢慢地发现，自己能稍微早一点上床睡觉了。如此坚持下去就会渐渐恢复正常的睡眠时间。什么天天加班所以熬夜，如果努力就能成功，富士康流水线上的工人个个都比你强。

最后，切记一切从今晚开始。破解晚睡强迫症，千万不要等到明天。我们早已习惯了对明天许诺，向明天赊账，总以为未来的自己可以改掉现在的恶习，把赌注都压在了明天。浑浑噩噩地晚睡，浑浑噩噩地醒来，浑浑噩噩地开始每一天，一辈子疲惫不堪地过去，这可不是我们设想的人生。

简单生活，才是真正的优雅

记得很多年前看小说《飘》，郝思嘉姐妹赴宴前，保姆总要逼着她们吃点心。当时读到这里，不知何意，后来才明白，一个淑女不能有太大的胃口，在家里先吃了东西，宴会上就只能再吃下一点点，显得矜持优雅。

说到优雅，我觉得不管一个人是杰出还是普通，是悠闲还是忙碌，始终在生活中保持一种优雅的姿态，才是顶级的人生。

一个朋友曾经与我争执过，她说没钱、没时间的人，拿什么来优雅？被生活压力压得快垮了，哪有心情去优雅？

她拿自己举例，加班一整夜，早上饥肠辘辘，煮一包泡面当早餐，被泡面的热气一蒸，闻到自己脸上没有卸妆的化妆品隔夜的香味，才想起还没洗脸。她说她也想睡一个好觉，早晨坐在餐桌边喝杯新鲜果汁，听听音乐、看看电视，舒舒服服地吃顿早餐。她也不愿意像个陀螺一样转个不停，还不是生活所迫嘛！

偶尔的忙乱谁都会有，但如果这样的状态成了常态，就得反思一下，为什么把日子过成了这样，是想永远像个陀螺一样转下去，无暇停下来休息一会儿？还是找找原因，想想办法把自己的生活改善、优化一下？

每个人都有过优雅生活的能力。能不能优雅，是自我意愿的选择。

如果非要说，我没有时间到咖啡馆坐两个小时，捧着小杯子喝喝咖啡、看看街景，或者没钱去趟丽江，在客栈的小院里晒晒太阳、逗逗猫，我的生活就优雅不起来了。那只能说，你对优雅的理解太狭义了。

真正的优雅应该来自心智。无论过什么样的生活，只要没有抗拒、没有纠结，在自己的生活中享受简单的平静，并且尚有心力去感受着四季轮回、花开花谢，就是很不错的日子了。而现代人有太多的压力和竞争，有太多的欲望和挣扎，也习惯了把简单的事情复杂化，难得放松，也因此错失了优雅。

所以，要想拥有优雅的姿态，首先要学会放松下来，把生活中无用的繁枝尽量剔除，简单地生活。一般来说，人与人之间的关系越简单、越纯粹，生活中的目标越单纯，杂念就越少，生活也就越幸福。

所谓优雅，不需要花多少钱，用多少时间，去过多么小资的生活。如果没有时间健身，那就在上下班路上多一点步行时间，尽量让自己保持健美的身材；没有时间去美容院，没有钱买高档的化妆品和时装，总可以在家里做做皮肤护理，尽量搭配好衣服的款式和颜色，出门的时候撑一把伞，让肌肤少受紫外线的荼毒；戒掉不良的嗜好，培养良好的生活习惯，让自己更健康清爽，拥有更神清气爽的宜人状态；培养一个业余爱好，闲暇的时候看一场电影，读读书，把房间整理得整洁舒适……这些，很容易做到吧？

很多人不拘小节，并不是因为做不到，而是觉得没有必要。

一个姑娘告诉我，她有一次直接拒绝了一个相亲对象，原因是对方吃饭太快。

"吃饭太快也是毛病吗？"我问。

她说："如果两个人都不能一起从容地吃一顿饭，以后漫长的半生还怎么过？"

如果没有什么特别着急的事，狼吞虎咽确实不好，不但不利于消化，也有碍观瞻。

我看过一篇文章，用很长的篇幅专门讲以优雅著称的法国人是怎么吃饭的。虽然法国的生活节奏也很快，但无论是在餐厅，还是机场，都极少看到法国人一边敲键盘，一边大口大口地吞咽汉堡包和可乐。法国人非常懂得生活，即使工作再忙，也会留出足够的时间来享受美食。他们在餐馆用餐的时候，即使吃的不过是一份普通的三明治，也会坐下来不慌不忙地慢慢享用。尤其是法国女人，在吃每一口食物的间隙，都会放下刀叉，停顿一会儿，只有当嘴里的

东西全都咽下去以后,她们才会再吃下一口,享受每一口食物带给
自己的乐趣。

一个人的言行举止比容貌更容易引人瞩目。有些人容貌、身材
等硬件都不错,可是一张嘴,一迈步,就不敢恭维了。不雅的坐姿,
不雅的吃相,不雅的小动作等等绝对"毁"人不倦,看起来特别扎眼,
即便是貌比西施、貌若潘安,也得减分减到60以下,根本就不及格。

我有一次参加一个集体婚礼,新人并排站在台下,等待入场,
站在最外侧的新郎,从摄像开始到入场,一直就没有停过各种各样
的小动作,不停地打哈欠、揉眼睛、提裤子,也许他以为在外面候场,
台下的观众就看不见他,却没发现有一台摄像机一直对着他,结果
全都显示在巨大的LED(发光二极管)显示屏上,引起哄堂大笑。

所以说,得体的举止应该成为生活中的一种习惯。优雅不是一
次特别场合的特殊表现,而是日常生活中诸多习惯的积累和培养,
更多地表现在举手投足之间。

英国作家斯蒂芬·柯勒律治在给孙子的信中写道:"优雅举止
是一个人无私品质有目共睹的证据,在很大程度上源于心灵而非大
脑。最佳的举止莫过于浑然天成,没有一丝做作的痕迹,并且完全
处于忘我状态,要警惕自己习惯中形成的任何马虎随便,从一开始
就要抵制它。一个绅士即便自己独处时也应该保持自律,不该听任
丝毫衣着或举止上的怠慢,不可因为除了仆人没人会看见,他穿着
卧室的拖鞋就来吃早点。那意味着邋遢的开始,而这种邋遢本该在

整理好凌乱的床铺后，开始吃早点时就终止。如果任由自己的肉体堕入低级的玩世不恭状态，你的整个人格就会低俗起来。"

有一次，林肯亲自面试一位应聘者，却没有录用那个人。幕僚问他原因，他竟然说："我不喜欢他的长相！"幕僚们觉得这不应该是理由，总统也是外貌协会的？况且林肯本人也不是多么英俊。"难道一个人天生的不好看，也是他的错吗？"幕僚问。林肯回答："一个人40岁前的脸是父母决定的，但40岁以后的脸是自己决定的，他要为自己40岁以后的长相负责。"

转念一想，林肯这话也不无道理，就像我们中国人常说的"相由心生"。一个人的高矮、五官都是基因决定的，但其谈吐、举止、文化、气质等方面要靠后天的修炼才能完成，身体发肤，虽然受之父母，但这张脸让人看后是何感觉，还要发于己心。

你的生活过得怎样，有时全写在这张脸上。

人群中相貌一般但举止优雅，气质不凡的人有很多。即使不是天生丽质，我们也可以通过后天的元素为自己加分，这种内外兼修的魅力，比容貌的美丽更加打动人心，而且是 个人 生的 芒，历久弥新，永不褪色，任时光也无法剥夺！

好的故事没有槽点，好的人生必定简洁

有一次，跟一个朋友一起聊天，他问我，如果想跟十八岁的自己说一句话，会是什么？

我想了良久，大概会说：放心吧！

我又反问他，他的答案是：对未来最大的慷慨，就是把一切都献给现在。

这句话，突然让我想起十八岁的一个冬日。

总有一些画面，很深地刻印在记忆里，没有缘由，没有因果，似乎像个隐喻，也似乎毫无意义，总之它们就是以一个场景的形式，在无数个被时间冲淡的记忆碎片中脱颖而出，被大脑顽固地保存下来。

那年我十八岁，刚刚离开家出来上学。寒假的某一天，天气干冷，我从北京一个叫"燕山"的郊县，坐公交车往市中心走。是早上的头班车，时间大概是五点钟，没有座位，我临窗站着。为了避免在急刹车的时候摔倒，用手紧紧地抓着座椅靠背。车里没有空调，寒意从冰冷的金属上传递到身体里，像被灌注了冰水一样，身体慢慢地僵硬起来。

初升的朝阳是水红色的，又大又薄，就像刚从水里浸过的一个圆圆的纱片，轻飘飘地缀在天边，是一个看上去很湿润的东西，不带一点儿锋芒。

突然间，我的心情变得十分不好，就像中了一箭似的，毫无准备地被一股巨大的悲怆击中，泪水就像汹涌的海潮一样从内心深处奔涌而出，以至于不得不仰着头，才能避免泪流满面。

18岁，那么年轻，眼神清亮，额头光洁，脸上还有婴儿肥，手里还攥着大把的岁月，脚下还有那么长的路。

似乎有一种预感，我觉得很多事情马上就要与自己相遇，有用的与没用的，有意义的与没意义的，情愿的与不情愿的，要选择，要坚持，要煎熬，有欢欣雀跃，也有心如刀割。未来那么远，无论前面是和风细雨，还是刀枪剑戟，生而为人，总得穿行一遍。

而我此刻，什么都没有，除了眼神清亮，额头光洁和一脸的婴儿肥。

好像突然就在那一刻，在一辆摇摇晃晃的早班车上，与自己单纯幼稚的少女时代彻底脱离了。

仿佛知道自己，就要独自上路了。

公交车下了高速公路，渐渐地驶入市区。

太阳一路跟随，在城市人行道上的树枝间跳跃。

阳光渐渐地锐利起来，被那些高大树木上繁密的枝杈，切割成碎金一样的光芒，在车窗外闪闪烁烁。

一路大义凛然地仰着头，一直到终点站，内心才慢慢平静下来，恢复常态，从长椿街下车，继续赶路。

多年以后，我理解了自己那一刻的悲伤。那是对未来的一种揣测和忐忑，甚至还有面对太多未知的轻微恐惧。

很多感受，人只有在走过一段路之后，才能清晰地提炼出来，也许这就是成长。

生活就像一辆早班车，你买票上车后，甚至都不知道这趟车的终点到底在哪里，也不知道会遇到什么样的旅伴，会发生什么样的事。你可能会为这一切感到不安。不过没关系，你只要知道自己是一个什么样的人，自己的下一站要去哪里，就足够了。

人生最大的幸福，便是简简单单地活着，在什么年龄就做这个年龄该做的事。

人在年轻的时候，想得太多反而无益。你要勇敢，完全不需要为未来担心，这个阶段最大的资本就是时间，在人生最好的年华，你要迎风飞扬，朝着自己的目标飞奔，活得酣畅淋漓。把那些阻碍、羁绊，都远远地抛在身后，给它们留下一个潇洒的背影。

25岁那一年，我觉得自己的生活陷入了一个很大的低谷。

其实所谓的低谷，也不过是同时失恋和失业而已。

我问自己，毕业才两年，我就一败涂地了？

回到阔别已久的家乡，坐在午后的阳光里，打开电脑，翻看自己最近几年来发的微博。

从青涩到成熟，回头再看青春，很残酷，竟有些不忍卒读。我动了动手指，清空了所有的微博。

挫败和疼痛，该忘的就忘了吧。毕竟还有那么多的快乐值得珍藏，毕竟还有前行的勇气。

每个人心里都有隐痛。一切都会过去。青春的伤，只是深夜的一场梦，天亮后醒来，擦干泪水，还可以重新再来。

诗人席慕蓉曾经写过一首诗，叫作《一生倒有半生，总是在清理一张桌子》。

她写道："一生倒有半生，总是在清理一张桌子，清理所有过时、错置、遗失，以至终于来不及挽救的我的历史。"

在回忆的峡谷中跌得愈深，便愈是不能自拔，可是无论你有多大本事都无法重写过去的那段历史，而即将发生的历史如何着笔可全由自己。今天是一笔无穷无尽的财富，要多丰美就有多丰美，要怎样创造就可以怎样创造。只有现实的水域才可以帮助生活的船帆抵达希望的彼岸！

毕竟人还是要活在当下。

而当下就是现在的刹那，时时刻刻连续着过去和未来。在我们的人生中，起决定作用的既不是昨天也不是明天，而是"此时此刻"。

在离开校园的象牙塔，走进社会的那一刻，这个世界便裹挟着巨大的信息劈天盖地地迎面扑来，以前单纯的世界观、价值观可能都会受到冲击，逐渐再定型。

人在逐渐成熟的阶段，最需要培养的是独立思考的能力和判断力。你要选择自己下一阶段的跑道，你要为未来做铺垫，打下坚实的基础，所以你不能人云亦云，心急火燎地随大流，急三火四地凑热闹。你要冷静，你要坚定，你要认识到自己的生命在这世间的独特意义。于你而言，简单生活的精髓便是坚持，不受干扰地迈着自己的步伐，按照自己的节奏活出想要的人生。

如果你受挫了，摔倒了，那就拍拍身上的土，重新再上路。

3

看过了风景，经历了繁华，走过了岁月，或许你变成一个有伤痕，也有故事，有疼痛，也有担当的成年人。历尽千帆才终于明白：简单，才是应对这个复杂世界的最大利器。

你越来越明白，生命中最珍贵的东西是什么。你把想要的牢牢握在手心，多余的无情抛开。

一路走来，你卸下的东西越来越多，你不会再让那些繁华的、虚荣的、迷离的负担压在你的肩头，影响你前行的速度。你清理枝枝蔓蔓，把一切都梳理得井井有条，绝对不允许自己的生命再与一些繁文缛节纠缠不清。

简单生活的人生态度，就像一把护身利剑，在复杂的生活里，帮你披荆斩棘，也让你不忘初心，始终活得干脆利落而又充实饱满。

你以简单对待世界，世界便以简单回报你。

你目标清晰，眼神坚定，从世俗的观念中破土而出，活成自在、舒展、通透的自己。

不恋过往，不畏将来。

把一切都献给现在。

将来的你，一定会感谢现在慷慨的自己。

将来的你，一定会感谢现在简单的自己。